國家圖書館出版品預行編目資料

華麗蛋糕卷：BÛCHES！鏡面 × 翻糖 × 千層 × 冰霜等經典法式
技法╳ 45 道星級蛋糕卷配方／克里斯多夫‧費爾德（Christophe
Felder）、卡米爾‧勒賽克（Camille Lesecq）；林惠敏翻譯 . -- 初
版 . -- 臺北市：麥浩斯出版：家庭傳媒城邦分公司發行 , 2019.12
240 面；19×26 公分
譯自：Bûches

ISBN 978-986-408-5637（平裝）

1. 點心食譜

427.16   108020485

華麗蛋糕卷：BÛCHES！鏡面╳翻糖╳千層╳冰霜等經典法式技法╳45 道星級蛋糕卷配方
Bûches

作者	克里斯多夫‧費爾德（Christophe Felder）、卡米爾‧勒賽克（Camille Lesecq）
翻譯	林惠敏
責任編輯	謝惠怡
內頁校對	Jil Hung
內頁編排	張靜怡
封面設計	郭家振
行銷企劃	郭芳臻
發行人	何飛鵬
事業群總經理	李淑霞
副社長	林佳育
副主編	葉承享
出版	城邦文化事業股份有限公司　麥浩斯出版
E-mail	cs@myhomelife.com.tw
地址	104 台北市中山區民生東路二段 141 號 6 樓
電話	02-2500-7578
發行	英屬蓋曼群島商家庭傳媒股份有限公司城邦分公司
地址	104 台北市中山區民生東路二段 141 號 6 樓
讀者服務專線	0800-020-299（09:30 ～ 12:00；13:30 ～ 17:00）
讀者服務傳真	02-2517-0999
讀者服務信箱	Email: csc@cite.com.tw
劃撥帳號	1983-3516
劃撥戶名	英屬蓋曼群島商家庭傳媒股份有限公司城邦分公司

香港發行	城邦（香港）出版集團有限公司
地址	香港灣仔駱克道 193 號東超商業中心 1 樓
電話	852-2508-6231
傳真	852-2578-9337
馬新發行	城邦（馬新）出版集團 Cite (M) Sdn. Bhd.
地址	41, Jalan Radin Anum, Bandar Baru Sri Petaling, 57000 Kuala Lumpur, Malaysia.
電話	603-90578822
傳真	603-90576622
總經銷	聯合發行股份有限公司
電話	02-29178022
傳真	02-29156275

製版印刷　凱林彩印股份有限公司
定價　新台幣 699 元／港幣 233 元
2019 年 12 月初版一刷‧Printed In Taiwan
ISBN　978-986-408-5637

Title of the original edition: Bûches
© 2017 Éditions de La Martinière, une marque de la société EDLM, Paris.
Rights arranged by Peony Literary Agency Limited.
This Traditional Chinese Edition is published by My House Publication, a division of Cité Publishing Ltd.

華麗蛋糕卷：BÛCHES！

鏡面╳翻糖╳千層╳冰霜等經典法式技法╳45 道星級蛋糕卷配方

克里斯多夫‧費爾德（CHRISTOPHE FELDER）
卡米爾‧勒賽克（CAMILLE LESECQ）

攝影：尚克勞德‧亞米耶爾
（JEAN-CLAUDE AMIEL）

風格設計：瑪琍雍‧夏德蘭
（MARION CHATELAIN）

引言與人物描寫：茱麗葉‧安洪
（JULIETTE EINHORN）

La Vie

引言

在由焦糖和杏仁交織而成的伊甸園裡偷閒，經典空氣感蛋糕傳響著悠閒節奏，在紅色莓果與牛奶巧克力之間一窺令人憧憬的瑰麗人生……，克里斯多夫·費爾德和卡米爾·勒賽克為本書譜出的木柴蛋糕 * 舞曲，讓人彷彿至奇幻的國度一遊，並得以品嚐千年的傳統。一直以來，聖誕木柴是一種祝福：近幾世紀以來，它是一種祈福的轉換儀式，象徵著一家人圍繞著壁爐並過著美好的生活，而為了迎合現代人的味蕾，最常製作成冰淇淋蛋糕卷的形式。儘管這項甜點只存在一個世紀半的時間，但其儀式性的來源可追溯至遠古社會。木柴蛋糕是節慶與熱情的同義詞，是用來慶祝冬至的美食。

在成為精選佳餚，讓人陶醉地溶於口中之前，聖誕木柴在幾個世紀裡原本指的是能夠盡可能燃燒最久的樹幹，有時可燃燒至主顯節（1 月 6 日），以度過一年之中最長的一夜。人們稱之為三火，因為至少必須燃燒三日。而為了延續生命周期，木柴會和前一年留下的樹根一起燃燒。為了確保豐收，在將木柴擺進壁爐之前，人們會淋上蜂蜜、牛乳、葡萄酒或油以祈福，來喚起對伊甸園的美好嚮往。從最早的異教徒儀式開始，聖誕節前夕就這麼成為了大人小孩和主僕齊聚一堂的時刻。

這天晚上和其他讓陽間與陰間得以溝通的夜晚不同，孩子們祈求樹根帶來糖果……，在這段期間，父母會在樹根下方或甚至是裡面藏入美麗的糖果、一口點心和水果做為寶藏。從這時開始，木柴除了是吉祥物以外，還成了可以帶來各種樂趣的驚喜袋。漸漸地，異教徒的儀式被基督教的聖誕節慶所取代：聖誕節在西元 337 年被列入西曆中，用以慶祝耶穌的誕生。依地區而定，家中會以象徵性的數字燃燒木柴 3 天、7 天或 12 天，而木柴也變得和人們彼此的感情交流密不可分……，儘管這節慶饗宴的高潮後來被形塑成具有奶油內餡的圓木，裝點著小小的幸福，向這神奇的樹根致敬 —— 但在許多地區，人們仍會全年在壁爐裡添柴火，以躲避「時間之火」，即晴天霹靂等突發事件，以及遠離毒蛇或邪靈等：人們將木柴視為無所不能。

19 世紀，當這項傳統和壁爐同時消失時，就如同法國王宮施放的煙火，木柴仍保有其神聖的地位。儘管木柴已從壁爐進入到聖誕大餐的菜單中，但傳說仍能保留其神祕性，追本溯源，據說這道甜點的起源是巴黎聖日耳曼德佩區（Saint-Germain-des-Prés）一名糕點學徒的異想天開，在約 1834 年所構思出來的，也有人說，是數十年後，由一位里昂人所發明。或是摩納哥親王查理三世的冰淇淋甜點師皮耶·拉康（Pierre Lacam），可能是他在 1898 年精

---

* Bûches 木柴蛋糕是法國的經典糕點，形似台灣的蛋糕卷。

心製作了第一道具木柴形狀的糕點。在他的《歷史、地理的相關烘焙記事》（*Mémorial historique et géographique de la pâtisserie*）書中，除了 2800 道食譜，還提及關於如何製作木柴蛋糕的祕訣……，他的木柴蛋糕是以瓶子塑形的杏仁膏製作，裡面填入冰淇淋，再鋪上熔岩巧克力蛋糕，據說外觀和樹皮一模一樣。聖誕木柴蛋糕後來較普及的版本，是在海綿蛋糕上鋪上以咖啡、巧克力、柑曼怡香橙香甜酒（Grand Marnier®）調味的法式奶油霜，然後再捲起。聖誕節時，人們可用杏仁膏或糖做的小塑像：蘑菇、小精靈、聖誕老人、水果等來進行裝飾。

不論是樹根還是蛋糕，木柴都帶來了幸運。象徵著重生的太陽、吉祥的祭品、傳承和神聖的結合，它慷慨地提供迎接新年的光亮。散發熱力並帶來好運，它讓生命的能量在家中綻放並遠離惡魔之眼[*]。它也帶來了最高深的玄奧祕密，例如神祕的美國影集《雙峰》（*Twin Peaks*）系列中的《木頭女士》（*femme à la buche*），或是在法國導演丹妮艾拉‧湯普森（Danièle Thompson）的電影《聖誕蛋糕》中出現的華麗蛋糕，是色彩繽紛且充滿裝飾的豪華饗宴，用以銘刻這令人難忘的時刻。

木柴蛋糕就是純粹的美景。

---

[*] 亦稱邪惡之眼，是許多國家的民間信仰，據說人的嫉妒會為他人帶來傷病、惡運等詛咒的力量。

作者介紹

克里斯多夫・費爾德（CHRISTOPHE FELDER）

真材實料是克里斯多夫・費爾德的核心價值，而其祕訣在於：他從未忘記童年的美味。這名具金手指的男人很早便在法國阿爾薩斯（Alsace）的斯希爾梅（Schirmeck）家族甜點店——無可取代的寶藏中磨練他的感官。各色的糕點來到他的面前：誘人的曲線、醉人的氣味，而很早就在他父親身邊開始學藝，讓他養成三大對甜點的要求：品質、簡單和細緻。克里斯多夫最早的美食界偶像是巧克力主廚伊夫・杜利耶（Yves Thuriès），糕點百科全書（encyclopédie de la pâtisserie）的作者，因為父親在克里斯多夫 12 歲時送了一本伊夫的書給他。

在耳濡目染的學習生涯之後，克里斯多夫先進入史特拉斯堡（Strasbourg）的 Vogel 甜點店熟悉業界環境，之後才到首都的大飯店繼續發展他的創造力。他曾先後至年輕的艾曼（Hermé）任職的馥頌（Fauchon）和 Guy Savoy 餐廳工作，接著在克里雍大飯店（l'hôtel Crillon）待了 15 年，這可不是捏造的！對他來說，甜食的魔力就像是一場高空特技的實驗：具有精緻、輕盈的結構，很像在變魔術，但又建立在相當穩固的基礎上。儘管優雅和獨創性是這結構的基石，但必是由相當結實的支架所支持：即食材的新鮮度和味道至上。

之後他成為日本 Henri Charpentier 甜點店的廚藝顧問和費南雪（Financier）糕點的專家，並於 2004 年獲頒法國藝術與文學騎士勳章（chevalier des Arts et des Lettres）。這名擅長挑動味蕾的專家確信每道作品都必須是獨特的，同時創造出盤式甜點的概念：克里斯多夫是自由的思想家，而這確實是他在奢華飯店的耀眼行列中安排的小小革新。多虧有他，每位賓客都能享有專為他們所準備的美食。在每一刻的重新創造中，他也特別強調甜點的組成。他的魔杖是以永不滿足的好奇心所打造：他不斷以新的靈感來裝點專業知識與祕訣。糕點是一項藝術，但也需要技藝、技巧、方法、訣竅，綜合起來，就成了無窮盡的新作品。他的才華也將他帶到了《廚神當道》的節目上。2012 年 9 月 20 日，他在節目上為情人節獻上了一道檸檬巧克力的藝術作品，表現令人印象深刻。

他的父親遺留給他的則是另一種愛：傳承。糕點最重要的是邂逅，而克里斯多夫也不再待在他的象牙塔裡。透過一本又一本的著作，他慷慨且具包容力地從事教學。他成立了一間學院：費爾德工作室（Studios Felder）。在那裡，人們可以學到關於糕點的一切，唯一不會學到的是糟糕的缺點。學院願意提供一切，只要學生能夠付出：一點的耐心、一克的精準、少許的嚴謹、有節制的異想天開、以克里斯多夫命名的一杯雞尾酒！

他可以在幾分鐘內變出香草酥餅（sablé à la vanille），或是橙皮浮島佐以青檸草莓庫利（île flottante aux zestes d'orange sur un coulis de fraises et citron vert），或是在 5 小時內變出少女系翻糖木柴蛋糕（bûche Girly fondante）……。他最喜愛的食材是？茴芹（anis vert）和洋梨，可用數千種方式來做裝點。但他也坦承對甘草深惡痛絕，如同所有的藝術家，他尊重個人的好惡。

重視友誼是他另一項基本的美德。他和兒時的朋友們一起接管阿爾薩斯的飯店。而開始管理克里雍大飯店的卡米爾‧勒賽克便成了一位令人愉快的同伴。他們接管一間位於米特齊（Mutzig）的舊甜點店（後來命名為 Les Pâtissiers），就像真正的糖果屋般提供色彩繽紛的夢幻美食，為阿爾薩斯和其他地區的特色甜食注入了活力，並支持使用當季水果、改造偉大的經典甜點 —— 糕點的浪潮正在衰退，他們透過這種方式促進新世代甜點的誕生。克里斯多夫也將他的職業視為一種樂趣，他會以多種衣裝來裝點他的作品：鏡面或霧面、千層派或巴伐利亞奶油（bavaroise）、夏洛特蛋糕（charlotte）或翻糖、慕斯林奶油醬（mousseline）或沙巴雍（sabayon）、「聖誕餅乾」（Bredele，阿爾薩斯的特產）……。

對赫赫有名的克里斯多夫來說，食材及其小小的化學變化就像是時裝展示時服裝穿搭的結構和布料，只不過他的作品是可以嚼食的。

卡米爾‧勒賽克（CAMILLE LESECQ）

卡米爾‧勒賽克和他的夥伴克里斯多夫一樣，從小就對糕點懷有滿滿的熱情。這名小男孩 1980 年出生於諾曼第（Normandie）的聖洛（Saint-Lô），從小在他舅舅位於巴黎的店：阿里巴巴的寶窟（caverne d'Ali Baba）中醞釀著最瘋狂的夢想，而這間店散發著可頌麵團、甘醇香料、水果餡料和金黃維也納麵包的香氣。這假日的浪漫讓他決定以此為生，在康城通過糕點 CAP（Certificat d'Aptitudes Professionnelles 職業能力證書）的考試後，他於 1995 年至維萊博卡（Villers-Bocage）開始學藝。

1999 年，這名年輕人首次出色地迎接三千紀*。他的甜點成了豪華的裝飾：他以二廚的身分進入克里雍大飯店。甜點之王克里斯多夫‧費爾德賦予他翅膀，

＊ 第 3 個千年，指從 2001 年 1 月 1 日至 3000 年 12 月 31 日的一千年。

讓他茁壯成長，而他則是極度重視食材，渴望自我超越，只求成功。卡米爾也深入鑽研，探索多種可用食材，營造出口感、觸感的竅門，只要人們敢觸摸、改造並揉捏的話。這名甜點師彷彿是有分身術的鍊金術士。

5 年後，他成為團隊的領導人，率領十幾名員工。人們再也無法阻擋這名年輕的奇才。大飯店的美食無可匹敵，他在此展現了精湛的技藝，而不會被飯店的壯觀所迷惑。持續尋覓新的味覺組合，他嘗試了鬆脆與入口即化的組合，以及酥脆與柔軟的口感組合。對他而言，一道成功的甜點最重要的是在品嚐後仍會為味蕾留下甜美的記憶。

2004 年，卡米爾繼續晉升為莫里斯飯店（l'hôtel Meurice）（巴黎著名的五星級飯店）的甜點主廚，和《米其林指南》的三星主廚亞尼克・阿蘭諾（Yannick Alléno）一起共事。他在那裡成了濕婆（Shiva）── 具有第三隻眼的神祇，擔負起美食的創造、保存、轉化和啟示等職責 ── 並於 2010 年成為甜點主廚的廚師長。莫里斯飯店不只是一間美食餐廳，也舉辦宴會，並提供客房服務、飯店早餐，這意味著他必須無所不在。跟隨著阿蘭諾先生，這名年輕主廚讓巴黎特產重回鎂光燈下：用絲滑的香醍鮮奶油搭配酥脆焦糖的聖多諾黑（saint-honoré）、以折疊塔皮為基底再鋪上少許櫻桃酒卡士達奶油醬的尼芙蕾塔（niflette）等等。

2014 年，卡米爾和他的良師重逢，彼此成為了朋友。在克里斯多夫・費爾德接管阿爾薩斯地區位於米特齊的甜點店時，他在許多人當中選擇了卡米爾來協助他提升糕點的品質，以他們超越時間的美味點心（香草可頌）或洛林地區美食，例如核桃擠花餅乾（spritz aux noix）或加了薑、無花果、檸檬、柳橙的香料麵包，更別提如童話般的薑餅屋……，讓大人小孩都為之瘋狂。在設計用來在 2 至 3 分鐘內品嚐的精緻甜點之後，他們也開始傳授店內糕點作品的祕訣：這裡製作的甜點可保存一整天。

卡米爾的理念是什麼？他認為，在讓顧客舔嘴巴之前，所做的甜點必須先讓他自己有想吃的慾望。甜點必須立即為他帶來視覺上的衝擊，並對所有的感官說話 ── 糕點是一種全面性的藝術。這名味覺的天才訓練出一種講究比例、色彩、味道均衡的感官體驗，並且還將之發揚出去。我們可以這麼形容他：他從指間變出這些瘋狂的甜點驚喜，人們不僅將它們做為甜點品嚐，也可做為前菜或主菜。

目錄

基礎技巧

TECHNIQUES

讓我們先從最顯而易見的事實開始，木柴蛋糕就必須是木柴的形狀！不論大小，只要是長形的即可。在本書中，只有三種例外的蛋糕打破了這項規則：雲杉原木（Rondin épicéa），無可否認是一種木柴；聖誕老公公（Père Noël），少了他，聖誕節就不是聖誕節了；豪華冰屋（l'Igloo princier），這樣聖誕老公公才有地方住。

在阿爾薩斯，木柴蛋糕分成三種，大多數時候會用來款待賓客的是……，三種都有。

脆皮木柴蛋糕（Les bûches biscuits），如經典空氣感蛋糕（l'Air classique）或少女系翻糖蛋糕（Fondante girly），人們尤其喜愛搭配咖啡品嚐。它們的優點是可冷藏至少 3 至 4 天，而且運輸方便：因此到處都可以在長時間下品嚐這些蛋糕！

慕斯或奶油木柴蛋糕（Les bûches mousses ou crèmes），如雪般：輕盈，是基本的聖誕節蛋糕。人們喜歡搭配水果或巧克力、小蘋果或條紋巧克力，甚至是水果巧克力。

冰淇淋木柴蛋糕（Les bûches glacées） 在年終的節慶期間是不可錯過的蛋糕，但如果有剩（非聖誕節的要角），在停止燒柴的夏季時分人們也能愉快地享用。那不如來點白大衣（Manteau blanc）或維他命雞尾酒（Cocktail vitamine）這兩款蛋糕？

事先規劃

現在就展開行動，因為木柴蛋糕的製作需事先規劃，以免在廚房裡吃年夜飯。無需猶豫，請立即將木柴蛋糕的製作時間拆解成數天。有些備料可提前製作和冷凍（如水果餅乾、奶油醬、雪酪和冰淇淋、生麵糊），或是以密封罐保存在陰涼處或乾燥處（如巧克力裝飾等）。在組裝當天再製作慕斯，並將鮮奶油打發。品嚐當天再製作鏡面、霧面絲絨和裝飾。

器具

關於模型，請優先選擇烘焙用的不鏽鋼模型。各種大小的 PVC（聚氯乙烯）模型或蛋糕卷定型模在製作如水果餅乾等鑲嵌物時非常實用。至於矽膠模則特別適用於組裝，因為矽膠模較容易脫模而且有各種形狀……，但一定要使用木柴形狀！

在這些建議之後，接下來為你呈現的是製作基礎和裝飾食譜的步驟技巧。

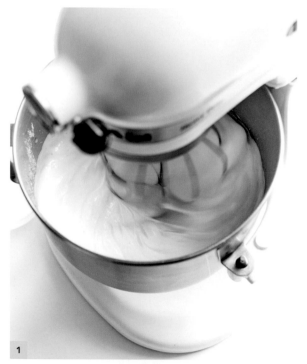

172 頁食材

1. 用電動攪拌機將蛋白打成泡沫狀。

2. 將糖緩緩加入蛋白中，攪打 5 分鐘。

3. 以低速攪打，加入蛋黃，攪拌 10 秒。

4. 將攪拌機的打蛋器拆下。

5. 混入麵粉，輕輕攪拌。

6. 準備染料。

7. 將麵糊分成 2 份，倒入染料。

8. 輕輕攪拌混合。

9

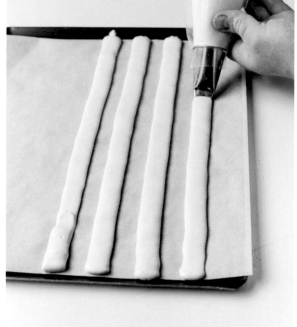

10

11

12

9. 獲得的兩種混料。

10. 將混料填入裝有半排花嘴（將扁鋸齒花嘴邊倒置）的擠花袋，擠出間隔 2 公分的黃色條紋。

11. 在黃色條紋之間擠出紅色的蛋糕體麵糊。

12. 烘烤後，倒扣在烤盤紙上，將表面的烤盤紙輕輕剝除。

材料

翻糖 150 克

葡萄糖 100 克

切碎杏仁 100 克

1. 在平底深鍋中準備翻糖。

2-3. 加入葡萄糖。

4. 開始煮成焦糖。

5. 當焦糖變為淺棕色時，倒入稍微烤過的碎杏仁。

6. 輕輕攪拌。

7. 倒在鋪有烤盤紙的烤盤上。

8. 當焦糖杏仁開始凝固時，用烤盤紙輔助進行揉捏。

9. 將焦糖杏仁延伸擀至想要的厚度。

10. 成品製作完成。

11. 趁焦糖杏仁還柔軟時,用糕點壓模裁切形狀。若焦糖杏仁過硬,請再放回烤盤,用烤箱烤幾秒。

12. 若沒有糕點壓模,可將長方形的末端折起塑形。

1

2

3

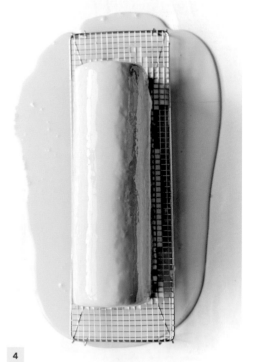

4

1. 以隔水加熱的方式，將鏡面加熱至 35 ～ 40℃。

2. 以電動攪拌器攪打，同時避免產生氣泡。

3. 一次淋在置於網架上的木柴蛋糕上。

4. 靜置 5 分鐘瀝乾蛋糕。

5. 可為木柴蛋糕淋上第 2 層鏡面淋醬，
   以增加穩定度。

巧克力的調溫

在容器中將巧克力弄碎成小塊。隔水加熱或微波加熱至融化。攪拌至表面平滑的質地。用料理溫度計確認溫度，直到溫度達：

− 45至55℃之間，適用於黑巧克力（溫度依品牌而定，並不一定一致）；

− 45至50℃之間，適用於牛奶巧克力，

− 45℃，適用於白巧克力，經常被稱為調溫白巧克力（couverture ivoire）。

將 3/4 的巧克力倒在料理桌上。用刮刀翻動巧克力使降溫到 27 ～ 28℃。再倒回溫熱的不鏽鋼盆中。緩緩加入剩餘 1/4 的熱巧克力。一邊攪拌，一邊留意溫度，不能超過 32℃。黑巧克力最高溫應為 30 ～ 31 ～ 32℃，牛奶巧克力或白巧克力應為 28 ～ 29℃。

巧克力凍

1. 準備巧克力和可可。

2. 將巧克力隔水加熱至融化。

3. 視配方而定，為巧克力進行調溫。

4. 用糕點刷在陶罐內部刷上厚厚的第一層巧克力。

5. 將手指將邊緣刮平。

6. 巧克力凝固後，再刷上第 2 層極厚的巧克力；再度將邊緣刮平。亦可將巧克力倒入陶罐中，再將模型倒扣，讓巧克力擴散開來。

7. 冷藏幾分鐘，待巧克力充分硬化後，為巧克力凍脫模。你亦可將巧克力凍脫模後再放入模型中，在模型中搭配冰塊進行糕點的組裝，以免將巧克力凍弄碎，並在享用時再脫模。

你也可以用糕點刷在巧克力凍周圍刷上少許可可粉。

8

9

10

11

木柴蛋糕貼片

8. 將 150 克的調溫巧克力倒在 30×40 公分的玻璃紙上。

9. 將調溫巧克力鋪平展開，厚度約 2～3 公釐。讓巧克力稍微凝固。

10. 將表面整平。

11. 巧克力凝固後，依木柴蛋糕的高度和寬度（大多數時候為 6×8 公分）切成正方形或長方形。

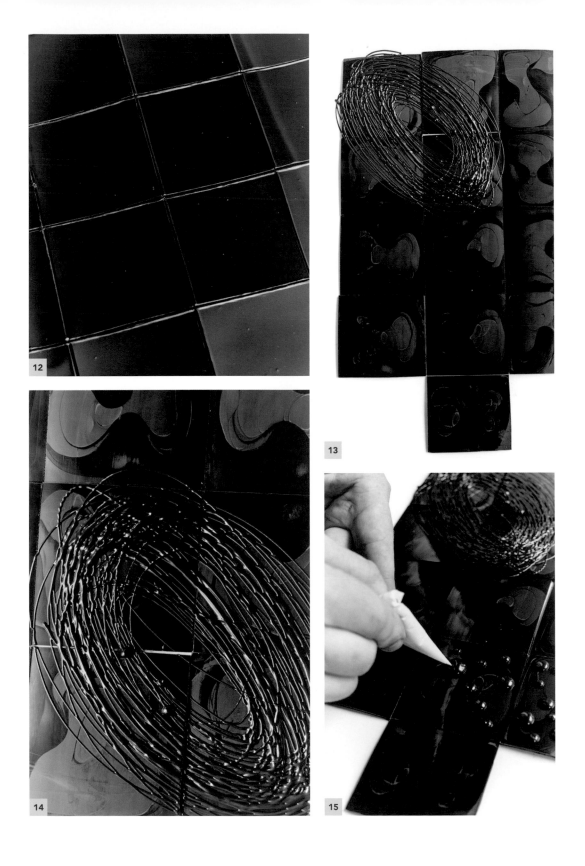

12. 待鋪在烤盤紙和烤盤上（目的是讓方塊保持
平坦）的方塊完全變硬後，就完成了。

13. 將 Rhodoïd® 玻璃紙翻過來，移除玻璃紙。
用裝有巧克力的圓錐形紙袋畫出花樣。

14-15. 你可製作出不同的裝飾。

17

18

19

20

裝飾

17. 為了製作兩旁有光澤的巧克力圓片，請在巧克力造型專用紙（feuille guitare，較 Rhodoid® 玻璃紙要軟）上將約 110 克的巧克力鋪平推開。

18. 在仍柔軟的巧克力上鋪上第 2 張巧克力造型專用紙。

19. 用手指抹平，以免產生氣泡。

20. 在巧克力凝固前，依想要的尺寸，用壓模按壓數次。當巧克力開始凝固時，你可將牛軋糖紙捲起，形成弧狀。冷藏 30 分鐘，待巧克力完全冷卻後脫模。

21. 混合白巧克力和脂溶性紅色食用色素（巧克
    力使用的食用色素不同於如馬卡龍使用的水
    溶性食用色素）。在牛軋糖紙上將染色的巧
    克力鋪開。

22. 將巧克力均勻地鋪在整張紙上。

23. 鋪上第 2 層牛軋糖紙，同時避免產生氣泡。

24. 用壓模用力按壓，以裁出圓形。

25. 再度按壓，以裁切出清楚的形狀。讓巧克力
    在常溫下硬化後脫模。脫模前，放入冰箱冷
    藏 30 分鐘。

材料

蛋白 100 克
砂糖 100 克
糖粉 100 克

1. 在蛋白中慢慢混入糖，將蛋白打成泡沫狀。

2. 將蛋白打至硬性發泡。

3. 混入過篩糖粉。

4. 仔細混合均勻。

5. 填入裝有花嘴的擠花袋中，擠出 4 個點來固定烤盤紙。

6. 擠出想要的形狀。

7. 這就是聖誕老人的鬍子。

8. 撒上糖粉。

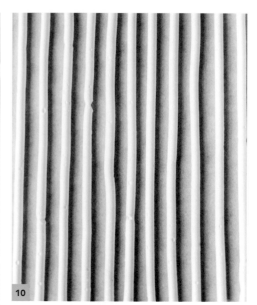

9

10

11

12

9. 手持裝有較小花嘴的擠花袋。

10. 間隔 2 公分，擠出蛋白霜長條。

11. 撒上馬卡龍碎屑。

12. 立即撒上糖粉。

1.2 公斤的千層派

準備時間：1 小時
靜置時間：至少 6 小時
烘焙時間：25 至 30 分鐘

1. 派皮
冷水 150 毫升
白醋 1 大匙
給宏德（GUÉRANDE）鹽之
　花 18 克
T55 麵粉 350 克
融化且冰涼的無水奶油
　（BEURRE SEC）115 克

2.「麵粉奶油」（BEURRE FARINE）
優質無水奶油 375 克
T45 *（低筋）麵粉 150 克

1. 製作派皮

在容器中倒入冷水、白醋和鹽之花，輕輕攪拌，讓鹽溶解。

接著加入過篩的麵粉和融化的冷奶油，用手模仿鉤子的形狀揉麵。

將麵團攪拌至平滑均勻。

將麵團壓扁成長方形。用保鮮膜包起，冷藏 2 小時。

2. 製作「麵粉奶油」

將奶油切丁，放入容器中。加入麵粉。

用手混合這兩種材料，直到麵粉完全被奶油所吸收。

將備料壓平成長方形。用保鮮膜包起，冷藏 2 小時。

3. 製作千層派

靜置結束後，在撒有少許麵粉的工作檯上，將派皮擀成長方形。

接著將「麵粉奶油」擀至超過派皮兩倍大。

將派皮擺在奶油中央。

將奶油的一端朝派皮方向折起，接著將另一端折起。

將派皮旋轉 1/4 圈，將派皮擀至約 8 公釐厚。

將派皮的下半部向上折起至 2/3 的高度。

接著將上半部向下折，讓兩端貼合。

接著整個對折，形成「皮夾折」（portefeuille）。

用保鮮膜將派皮包起，冷藏靜置 2 小時。

將派皮從冰箱中取出，轉 1/4 圈後再度擀開。

重複同樣的步驟，為折疊派皮進行 2 次的皮夾折。

再度用保鮮膜將派皮包起，冷藏保存 2 小時。

將靜置後的派皮從冰箱中取出，轉 1/4 圈，再度從長邊擀開。

接著將派折成 1/3：將上面 1/3 向下折，再蓋上下面 1/3 的派皮，形成「單折」。

總共形成了 5 折（在此，我們進行了 2 次雙折和 1 次的單折，合計 5 折，亦可進行 5 次的單折，每次折疊之間，靜置 30 分鐘）。

一旦完成此步驟，你便能用折疊派皮來製作你想要的糕點。

小細節： 你可在專賣店找到無水奶油，沒有的話，亦可使用摸起來較硬實的奶油。

---

* 法國常見的麵粉分類包括 T45、T55 和 T65，T 指的是麵粉的灰分，也就是小麥麩皮中所含的礦物質成分，T 後面的數字越大，表示灰分含量越高，即精製程度越低，麵粉顏色較深。在台灣，若買不到專業的法國麵粉，可分別用低筋、中筋和高筋麵粉來取代 T45、T55 和 T65 麵粉。

傳
統

TRADITION

開心果口味，你也可以變化成巧克力、香草、咖啡、帕林內等……。

準備時間：3 小時

烘焙時間：30 分鐘

8 ～ 10 人份

材料

1. 卡士達奶油醬
全脂鮮乳 320 毫升

脫脂奶粉 3 克

香草莢 1/2 根

蛋黃 30 克

砂糖 55 克

玉米粉 30 克

2. 海綿蛋糕
雞蛋 4 顆

砂糖 120 克

T45 麵粉 100 克

杏仁粉 40 克

融化奶油 30 克

3. 減糖義式蛋白霜
砂糖 90 克＋ 10 克

水 60 毫升

蛋白 70 克

4. 櫻桃酒糖漿
櫻桃酒 20 毫升（可用香草精來取代
　　櫻桃酒）

熱水 100 毫升

砂糖 80 克

5. 輕法式奶油霜
卡士達奶油醬 210 克

常溫奶油 180 克

減糖義式蛋白霜（蛋白霜秤重！）
　　70 克

6. 開心果慕斯林奶油醬
費布里（FABBRI®）開心果醬 30 克

卡士達奶油醬 300 克

輕法式奶油霜 350 克

綠色食用色素 1 滴

7. 組裝與最後修飾
綠絲絨

巧克力圓片，見 33 頁的步驟圖解
　　（染成綠色的白巧克力和可可脂）

用具
24 公分的不鏽鋼木柴蛋糕模 1 個

24 公分的木柴蛋糕模 1 個

料理溫度計 1 支

裝有 10 號花嘴的擠花袋 1 個

Wagner 蛋糕巧克力噴槍 1 枝

金色紙板 1 張（擺在蛋糕下）

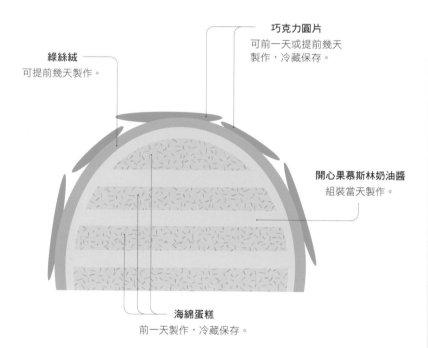

巧克力圓片
可前一天或提前幾天
製作，冷藏保存。

綠絲絨
可提前幾天製作。

開心果慕斯林奶油醬
組裝當天製作。

海綿蛋糕
前一天製作，冷藏保存。

組裝

前一天，備妥所有備料，確保一切就緒。

當天，製作開心果慕斯林奶油醬。

進行組裝和裝飾（請勿冷凍這類的木柴蛋糕）。

我們可將最後修飾簡化，例如撒上切成細碎的開心果或綠色的馬卡龍碎屑。亦能變化
風味（巧克力、咖啡或香草，或是單純添加含少許打發鮮奶油的輕盈卡士達奶油醬，
甚至是同樣加入打發鮮奶油的輕盈檸檬奶油醬）。

裝飾部分，使用不同顏色的馬卡龍碎屑來搭配你的奶油醬，或是以木柴蛋糕奶油醬來
進行最後修飾。亦能使用香草木柴蛋糕的白鏡面配方淋上鏡面，並依你個人的喜好進
行染色。

1. 製作卡士達奶油醬

將鮮乳、奶粉和剖半的香草莢煮沸。

將蛋黃和糖攪打至整體均勻滑順。輕輕混入玉米粉。將 1/3 煮沸的鮮乳倒入備料中，混合。

再倒回裝有剩餘鮮乳的平底深鍋，將奶油醬煮沸，接著離火。

將奶油醬倒在保鮮膜上，並用保鮮膜將奶油醬完全包覆，以免乾掉。冷凍 10 分鐘，讓奶油醬冷卻，接著再冷藏 2 小時。

2. 製作海綿蛋糕

烤箱預熱至 180℃。在電動攪拌機的攪拌缸中，用打蛋器以高速攪拌蛋和砂糖 10 至 15 分鐘。

停止攪拌。加入過篩的麵粉和杏仁粉。

用橡皮刮刀從中央將麵糊稍微提起，一邊轉動攪拌缸以混合均勻。

在融化奶油中混入少許麵糊。

再全部倒回備料中。輕輕攪拌。

將海綿蛋糕麵糊倒入刷上奶油並撒上麵粉的不鏽鋼木柴蛋糕模中（亦可預先以鋪有烤盤紙的 40×30 公分烤盤烘烤海綿蛋糕）。

放入烤箱烤 20 至 25 分鐘：烤至刀尖插入蛋糕中央，抽出時不會有麵糊沾黏。

3. 製作減糖義式蛋白霜

取平底深鍋，放入 90 克的糖和水加熱至 117℃。

將蛋白打發成泡沫狀，蛋白一起泡，就加入 10 克的糖，繼續攪打至硬性發泡。

將煮好的糖以細流狀倒入蛋白中，繼續以電動攪拌器攪打至備料冷卻。

取 70 克做為接下來的配方。如果還有剩，請為容器蓋上保鮮膜，冷凍保存至下次使用。

4. 製作櫻桃酒糖漿

用打蛋器混合櫻桃酒、熱水和糖。不時攪拌，讓糖溶解。常溫保存。

5. 製作輕法式奶油霜

用打蛋器將卡士達奶油醬攪拌至軟化。

以小火加熱，將奶油攪打成乳霜狀。

將奶油輕輕加入卡士達奶油醬中，攪拌至整體變得蓬鬆。混入義式蛋白霜，輕輕攪拌。常溫保存。

6. 調製開心果慕斯林奶油醬

將櫻桃酒隔水加熱至 30℃。

用橡皮刮刀攪拌冷的卡士達奶油醬，接著隔水加熱至 30℃。

將開心果醬倒入卡士達奶油醬中，接著混入法式奶油霜。加入少許綠色食用色素。常溫保存。

7. 進行組裝與最後修飾

將蛋糕體橫切成 4 塊。

為木柴蛋糕模鋪上 Rhodoïd® 玻璃紙（亦可不用模型組裝木柴蛋糕）。在玻璃紙上鋪上薄薄一層慕斯林奶油醬。

將慕斯林奶油醬填入裝有 10 號花嘴的擠花袋，在模型中擺上第一條海綿蛋糕，接著擠上奶油醬。

在奶油醬上擺上第二條海綿蛋糕。在海綿蛋糕表面刷上櫻桃酒糖漿，接下來就這樣一直刷至最後一片蛋糕。

將木柴蛋糕放入冰箱冷凍保存 1 小時。接著從冷凍庫中取出，並鋪上少許非常柔軟的慕斯林奶油醬（為了讓慕斯林奶油醬變得柔軟，請用隔水加熱的方式稍微加熱幾秒，同時快速攪打）。將木柴蛋糕冷凍 1 小時，接著用噴槍噴出綠絲絨霧面（如同 128 頁的渴望玫瑰木柴蛋糕，只是染成綠色）。冷藏 30 分鐘，以免凝結。

將木柴蛋糕從冰箱取出，擺在略大於蛋糕底部的紙板上，以免受到撞擊！在紙板中央放上少許慕斯林奶油醬，可避免蛋糕滑動。

攪打剩餘的慕斯林奶油醬，填進裝有花嘴的擠花袋，為蛋糕黏上綠巧克力圓片做為裝飾。

BLACK FOREST

黑森林蛋糕

黑森林蛋糕 BLACK FOREST

準備時間：5 小時
烘焙時間：30 分鐘
靜置時間：至少一個晚上
10 人份

材料

1. 酒漬酸櫻桃
急速冷凍酸櫻桃 225 克
砂糖 60 克
櫻桃酒 35 毫升
杏仁香甜酒（AMARETTO）5 克

2. 櫻桃酒糖漿
水 150 毫升
砂糖 60 克
櫻桃酒 30 毫升

3. 卡士達奶油醬
全脂鮮乳 160 毫升
香草莢 1/2 根
脫脂奶粉 1 克
玉米粉 15 克
砂糖 25 克
蛋黃 15 克

4. 巧克力蛋糕體
砂糖 30 克
杏仁膏 15 克
蜂蜜 5 克
蛋黃 45 克
熱水 20 毫升
法芙娜（VALRHONA®）特級苦甜
　巧克力（CHOCOLAT EXTRA
　BITTER）15 克
蛋白 70 克
砂糖 30 克
T45 麵粉 85 克
法芙娜苦甜可可粉 10 克

5. 加勒比巧克力奶油霜
全脂液狀鮮奶油 125 克
全脂牛乳 125 克
蛋黃 50 克
砂糖 25 克
法芙娜可可脂含量 66% 的加勒比
　巧克力 120 克

6. 黑森林蛋糕奶油醬
吉利丁 4 克
卡士達奶油醬 200 克
櫻桃酒 5 克
打發鮮奶油 450 克

7. 裝飾
巧克力刨花和酸櫻桃幾顆

用具
24 公分的木柴蛋糕模 1 個
料理溫度計 1 支
刮刀 1 支

酸櫻桃

酒漬酸櫻桃
提前 1 周製作，冷藏保存。

巧克力刨花
可提前幾天製作，冬季可使
用密封罐保存於室溫中，炎
熱的夏季則請以密封罐冷藏
保存。

黑森林蛋糕奶油醬
永遠都在組裝當天製作。

加勒比巧克力奶油霜
組裝前一天製作。

巧克力蛋糕體
在組裝前一天或提前一
周製作，冷凍保存。

組裝

兩種作法可選擇：

1. 品嚐當天進行組裝。前一天或提前 2 天製作巧克力蛋糕體，前一天製作卡士達奶
油醬和奶油霜。當天，製作黑森林蛋糕奶油醬。進行組裝。製作裝飾、刨花和酸櫻
桃。

2. 可提前組裝木柴蛋糕並冷凍：請將冷凍至硬化的未裝飾蛋糕仔細包好。
　品嚐當天進行裝飾：待蛋糕充分解凍後再擺上裝飾。

也要記得在木柴蛋糕下方擺上長方形紙板。

1.（預先）製作酒漬酸櫻桃

混合所有材料，浸漬數日（如果趕時間的話，也可以不要浸漬這麼久！）。以密封的玻璃罐冷藏保存。

2. 製作櫻桃酒糖漿

將水和糖煮沸，接著以櫻桃酒調味。

3. 製作卡士達奶油醬

取平底深鍋，放入鮮乳、剖半並去籽的香草莢和奶粉加熱煮沸。

混合玉米粉和糖，接著將這混料和蛋白一起攪拌至泛白。倒入 1/3 煮沸的鮮乳，拌勻後再倒回平底深鍋中。煮沸約 1 分鐘。

將奶油醬倒在保鮮膜上，並用保鮮膜將奶油醬完全包覆，以免乾掉。冷凍10 分鐘，讓奶油醬冷卻，接著再冷藏 2 小時。

4. 製作巧克力蛋糕體

將糖、杏仁膏、蜂蜜一起放入裝有打蛋器的電動攪拌機中。混入 1/4 的蛋黃，將材料攪拌至蓬鬆。混料一泛白，就加入剩餘的蛋白，持續攪打 10分鐘。倒入熱水，繼續以中速攪打混料 5 分鐘。混入 55℃的調溫巧克力，繼續以中速再攪打 5 分鐘。

接著將蛋白和糖打發，同時保持柔軟且均勻。將第一份備料輕輕混入打發蛋白中，最後加入過篩的麵粉和可可粉。

鋪在置於烤盤的烤盤紙上。

以 170 ～ 180℃烘烤蛋糕體麵糊 15至 20 分鐘。

放涼，接著切成 3 條長 24 公分的蛋糕條：1 條 7 公分寬、1 條 5 公分寬、1 條 3 公分寬。

5. 製作加勒比巧克力奶油霜

取平底鍋，將鮮奶油和牛乳煮沸。

用打蛋器將蛋黃和糖攪打至泛白。

煮至如同英式奶油醬般濃稠，約82℃。

將備料緩緩倒入巧克力中，以製作甘那許。以電動攪拌機攪打，接著冷藏保存。

6. 製作黑森林蛋糕奶油醬

將吉利丁浸泡在冰涼的冷水中。

用打蛋器將卡士達奶油醬攪打至平滑。

以小火加熱吉利丁，使其融化。

混入卡士達奶油醬，一邊非常用力地攪拌。加入櫻桃酒，接著用橡皮刮刀混入打發鮮奶油。

7. 進行組裝

在鋪有塑膠紙或烤盤紙的木柴蛋糕模內塗上 2 公分厚的黑森林蛋糕奶油醬，並擺上小條的蛋糕體。刷上糖漿，倒入黑森林蛋糕奶油醬，加入浸漬酸櫻桃；接著用刮刀抹平，在模具內擺上第二塊巧克力蛋糕體。鋪上巧克力奶油霜，接著擺上第三塊蛋糕體，同樣刷上糖漿。

將木柴蛋糕冷凍至少 3 小時，讓蛋糕凝固。

接著脫模，輕輕撒上刨花，接著再一片一片地撒上幾片刨花，堆積出小洞。最後再擺上幾顆酸櫻桃。

準備時間：5 小時
烘焙時間：10 分鐘
靜置時間：至少一個晚上
10 人份

材料

1. 咖啡指形蛋糕體
蛋白 120 克
砂糖 110 克
蛋黃 4 顆
即溶咖啡粉 1 小匙
T45 麵粉 110 克
蛋糕表面用糖粉 30 克

2. 咖啡奶油霜
全脂牛乳 20 毫升
全脂液狀鮮奶油 150 克
研磨咖啡粉 5 克
砂糖 20 克
果膠 1 克
蛋黃 35 克

3. 提拉米蘇奶油醬
吉利丁 5 克
蛋黃 40 克
砂糖 60 克
馬斯卡邦乳酪（MASCARPONE）
　150 克
全脂液狀鮮奶油 250 克

4. 加勒比巧克力奶油霜
全脂液狀鮮奶油 100 克
全脂牛乳 100 毫升
咖啡粉 15 克
蛋黃 40 克
砂糖 20 克
（法芙娜）加勒比巧克力 100 克

5. 香醍鮮奶油
優質全脂液狀鮮奶油 250 克
砂糖 20 克
香草精 1 小匙
磨碎的香草莢 1/4 根

6. 咖啡糖漿
滴漏式咖啡（CAFÉ FILTRE）100
　毫升
砂糖 35 克
即溶咖啡粉 2 克

7. 最後修飾
苦甜可可粉
巧克力圓片（見 32 頁）

用具

24 公分的木柴蛋糕模 1 個
曲型抹刀 1 把
鐵氟龍（TEFLON®）不沾烤盤布
　1 張
寬 4 公分的定型模（GOUTTIÈRE）
　或長方形蛋糕模 1 個
漏斗型網篩 1 個
料理溫度計 1 支
玻璃紙（FEUILLE DE RHODOÏD®）
略大於木柴蛋糕的紙板 1 張

巧克力圓片
可提前 1 周製作，以保鮮膜包起，保存於涼爽且溫度適中的地方。

香醍鮮奶油
組裝當天製作。

咖啡指形蛋糕體
前一天製作並冷藏保存。

加勒比巧克力奶油霜
組裝前一天製作。

提拉米蘇奶油醬
組裝當天製作。

咖啡奶油霜
組裝前一天製作。

組裝

兩種作法可選擇：

1. 品嚐前一天進行組裝。組裝前一天製作指形蛋糕體和奶油霜。當天製作提拉米蘇奶油醬和香醍鮮奶油。進行組裝，至少冷凍 3 小時後再裝飾。冷藏至品嚐前再取出。

2. 提前組裝木柴蛋糕並冷凍。將冷凍至硬化且尚未鋪上香醍鮮奶油的蛋糕包妥。品嚐當天進行裝飾。

記得在木柴蛋糕下方擺上長方形紙板。

1. 製作咖啡指形蛋糕體

旋風烤箱預熱至 180℃。

在蛋白中緩緩倒入糖，蛋白打發成泡沫狀。充分打發後，加入混有即溶咖啡粉的蛋黃。接著用橡皮刮刀混入麵粉。

將鐵氟龍不沾烤盤布平鋪於烤盤上，在烤盤布上用曲型抹刀將蛋糕體麵糊鋪至 6 公釐的厚度。撒上糖粉。

放入烤箱烤 8 至 10 分鐘。

置於網架上放涼。

將蛋糕體連烤盤布倒扣在烤盤紙上。

接著切出一條寬 8 公分的長條和一條寬 5 公分的長條，長度都和木柴蛋糕一樣長。

2. 製作咖啡奶油霜

取平底深鍋，中火將牛乳、鮮奶油和研磨咖啡粉煮至沸騰。

放涼後以漏斗型網篩過濾。

混合糖和果膠，並緩緩倒入咖啡牛乳。

煮沸，離火，並加入打散的蛋黃。

快速攪拌，倒入鋪有保鮮膜的蛋糕模或寬4公分的定型模。放入冰箱冷凍。

3. 調製提拉米蘇奶油醬

將吉利丁浸泡在冰涼的冷水中。

用打蛋器將蛋黃和砂糖打至起泡。

取平底深鍋，將吉利丁加熱至融化，加入少量蛋黃和糖的混料，再將吉利丁倒入蛋黃的混料中，再度攪打至起泡。

混合馬斯卡邦乳酪和液狀鮮奶油，打發成香醍鮮奶油，接著混入蛋黃、糖和吉利丁的混料，快速攪拌。

預留備用。

4. 製作加勒比巧克力奶油霜

將鮮奶油和牛乳煮沸，再加入咖啡浸泡10分鐘，接著以漏斗型網篩過濾。

用打蛋器將蛋黃和糖攪打至泛白。

煮至如英式奶油醬般濃稠，約 82℃。

將備料緩緩倒入巧克力中，製成甘那許。用電動攪拌機攪打，接著冷藏保存。

5. 製作香醍鮮奶油

將鮮奶油倒入容器中，擺在裝有冰塊的沙拉攪拌盆裡。

接著將鮮奶油打發。當鮮奶油開始發泡，加入砂糖、磨碎的香草和香草精。打到鮮奶油能牢牢附著於打蛋器鋼絲時，停止攪打（但在這道配方中，勿打到過硬）。放入冰箱冷藏保存。

6. 製作咖啡糖漿

在容器中混合所有材料。

7. 進行組裝

木柴蛋糕模內放進 1 張保鮮膜、玻璃紙、塑膠紙或單純的烤盤紙。

在鋪紙的模型內部表面鋪上 2 公分厚的提拉米蘇奶油醬。

用裝有 12 公釐花嘴的擠花袋，在模型內擠出 2 條巧克力奶油霜。

在奶油霜表面擺上一條寬 5 公分的蛋糕體，仔細按壓，均勻刷上咖啡糖漿。

沿著長邊擠上巧克力奶油霜，蓋上冷凍咖啡奶油霜並按壓。最後鋪上提拉米蘇奶油醬，將表面均勻抹平，接著蓋上寬 8 公分且長度和模型等長的蛋糕體，再刷上咖啡糖漿。

冷凍保存至少一個晚上，脫模，將木柴蛋糕擺在烤盤上。鋪上香醍鮮奶油，用不鏽鋼抹刀製作波峰。

撒上少量的可可粉。

將木柴蛋糕擺在略大於蛋糕底部的紙板上，以免受到撞擊！

在紙板中央擺上少許巧克力奶油霜，可避免蛋糕滑動。

用3公分的巧克力圓片和可可粉裝飾。

蒙布朗 MONT BLANC

準備時間：2 小時
烘焙時間：2 小時 30 分鐘
10 人份

材料

1. 香草新月餅乾麵團
砂糖 20 克
香草莢 1/4 根
軟奶油* 60 克
T45 麵粉 70 克
杏仁粉 15 克
榛果粉 15 克
香草精 1 小匙

2. 蛋白霜
蛋白 3 顆
砂糖 100 克
糖粉 100 克

3. 栗子絲
糖漬栗子醬（pâte de marrons）
　　250 克
栗子奶油醬（crème de marrons）
　　250 克
無糖栗子泥（purée de marrons）
　　500 克
蘭姆酒 10 克

4. 香醍鮮奶油
全脂液狀鮮奶油 300 克
砂糖 20 克
香草精 1 小匙
吉利丁 2 克

5. 最後修飾
糖漬栗子
金箔
可可蛋白霜
甜酥塔皮條

用具
10 公釐平口花嘴擠花袋 1 個
8 公釐平口花嘴擠花袋 1 個
多孔花嘴擠花袋 1 個

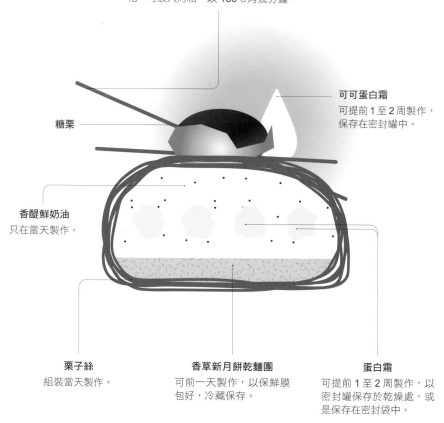

甜酥塔皮條
可提前幾天製作，保存在密封塑膠盒內，冷藏至組裝前取出。若甜酥塔皮條有點軟化，可放入烤箱，以 150℃ 烤幾分鐘。

可可蛋白霜
可提前 1 至 2 周製作，保存在密封罐中。

糖栗

香醍鮮奶油
只在當天製作。

栗子絲
組裝當天製作。

香草新月餅乾麵團
可前一天製作，以保鮮膜包好，冷藏保存。

蛋白霜
可提前 1 至 2 周製作，以密封罐保存於乾燥處，或是保存在密封袋中。

組裝

提前製作蛋白霜。前一天製作酥餅，當天製作香醍鮮奶油和栗子絲。品嚐當天組裝、裝飾。冷藏保存。

記得在木柴蛋糕下方擺上長方形紙板。

＊ 提前 2 至 3 小時從冰箱中取出，有時還會用叉子或刮刀攪拌至質地柔軟，如同膏狀的奶油，適合用來製作非常柔軟的蛋糕。

3. 製作栗子絲

將栗子醬和栗子奶油拌勻，接著加入栗子泥（這三者的含糖量和味道皆不同）及蘭姆酒。

攪拌至均勻平滑。

使用過後，可將剩餘部分冷凍，方便下次使用。

4. 製作香醍鮮奶油

用冷水將吉利丁泡軟。

將鮮奶油倒入容器中，擺在裝有冰塊的沙拉攪拌盆裡。

打發鮮奶油。當鮮奶油開始發泡，加入砂糖和香草精。將鮮奶油打到能牢牢附著於打蛋器鋼絲時，停止攪打。

在平底深鍋中將吉利丁加熱至融化，加入 40 克的打發鮮奶油，快速攪拌，並用橡皮刮刀混合剩餘的香醍鮮奶油。

5. 進行組裝與裝飾

將香醍鮮奶油填入裝有 8 公釐花嘴的擠花袋。在香草新月餅乾餅皮底部擠出一條條的香醍鮮奶油，擺上蛋白霜，再擠上一些香醍鮮奶油，並在表面鋪上打發鮮奶油。放進冰箱冷凍 15 分鐘（以便進行最後修飾）。

將多孔花嘴裝入結實的擠花袋，填入栗子絲奶油醬。

沿著木柴蛋糕的長邊，由下往上在香醍鮮奶油上擠出絲狀的奶油醬，接著，將小刀沾過熱水後，切去多餘的栗子奶油醬。

最後擺上裝飾素材。

1. 製作香草新月餅乾麵團

烤箱預熱至 170℃。

砂糖倒入電動攪拌機的攪拌缸中，加入香草莢，攪打成散發濃郁香草香氣的糖。

將糖過篩至容器中。

加入奶油、麵粉、杏仁粉、榛果粉和香草精。用木湯匙攪拌成均勻的麵團。

接著鋪平擀成長 24 公分、寬 7 公分、厚 5 公釐的麵皮。

放入烤箱烤大約 20 分鐘。

2. 製作蛋白霜

烤箱預熱至 160℃。

取蛋白加入少許的糖打發。

打到蛋白開始起泡，分次加入剩餘的糖。持續攪打至形成亮白的蛋白霜，而且可附著在打蛋器的鋼絲之間。

糖粉過篩至蛋白霜中，用橡皮刮刀混合。

將備料填入裝有 10 公釐平口花嘴的擠花袋中，接著在鋪有烤盤紙的烤盤上擠出長 24 公分且兩兩並列的蛋白霜條。

將烤箱溫度調至 130℃，烘烤蛋白霜條 10 分鐘，接著降溫至 90℃。烤 2 小時。烤到蛋白霜內部乾燥時就表示好了。放至完全冷卻，保存在乾燥處（若蛋白霜軟化，請放入烤箱，以 100℃的小火烤幾分鐘）。

準備時間：5 小時
烘焙時間：30 分鐘
靜置時間：1 小時 30 分鐘
8 ～ 10 人份

蛋白霜
前一天製作。

巧克力片

櫻桃酒慕斯林奶油醬
前一天製作，冷藏保存。

杏仁膏
前一天準備，並混入
紅色食用色素。

熱內亞蛋糕體
提前一至兩天製作，
冷藏保存。

組裝

兩種作法可選擇：

1. 前一天製作海綿蛋糕和卡士達奶油醬。當天，製作慕斯林奶油醬，進行組裝，並以
   杏仁膏做最後裝飾。

2. 提前組裝木柴蛋糕並冷凍。將冷凍至變硬且不加裝飾的蛋糕仔細包好。品嚐當天，
   將蛋糕解凍（約冷藏 3 小時），接著輕輕鋪上杏仁膏。裝飾。

記得在木柴蛋糕下方擺上長方形紙板。

材料

1. 卡士達奶油醬
全脂鮮乳 320 毫升
脫脂奶粉 3 克
香草莢 1/2 根
蛋黃 30 克
砂糖 55 克
玉米粉 30 克

2. 熱內亞蛋糕體
蛋黃 4 顆
雞蛋 2 顆
砂糖 120 克＋ 50 克（用於蛋白）
轉化糖漿（trimoline）（或砂糖）
　　10 克
HF 乳化劑 3 克（非必要）
杏仁膏 30 克
蛋白 120 克
T45 麵粉 130 克
馬鈴薯澱粉 50 克
鹽 1 撮

3. 減糖義式蛋白霜
砂糖 100 克＋ 10 克（用於蛋白）
水 60 毫升
蛋白 70 克

4. 櫻桃酒糖漿
櫻桃酒（40 度的阿爾薩斯白蘭地，
　　當心贗品！）30 毫升
熱水 80 毫升
砂糖 70 克

5. 輕法式奶油霜
卡士達奶油醬 210 克
常溫的極優質奶油 180 克
減糖義式蛋白霜（為蛋白霜秤重！）
　　70 克

6. 櫻桃酒慕斯林奶油醬
櫻桃酒（40 度的阿爾薩斯白蘭地）
　　30 毫升
卡士達奶油醬 300 克
輕法式奶油霜 350 克
紅色食用色素 1 滴

7. 組裝與最後修飾
粉紅杏仁膏 350 克
糖粉少許（以免麵皮沾黏桌面）
小蛋白霜（見 34 頁食譜）
紅色食用色素幾滴
粉紅色的 PCB® 巧克力裝飾

用具
24/26 公分的不鏽鋼木柴蛋糕模 1 個
料理溫度計 1 支
金色紙板 1 張（擺在蛋糕底下）
10 公釐平口花嘴擠花袋 1 個
6 公釐星型花嘴擠花袋 1 個
抹刀 1 把
槽型或格紋桿麵棍 1 根

1. 製作卡士達奶油醬

鮮乳加入奶粉和剖半的香草莢煮至沸騰。

將蛋黃和糖攪打至整體均勻滑順。輕輕混入玉米粉。將 1/3 煮沸的鮮乳倒入備料中，混合。

再倒回裝有剩餘鮮乳的平底深鍋，將奶油醬煮沸，接著離火。

將奶油醬倒在保鮮膜上，並用保鮮膜將奶油醬完全包覆，以免乾掉。冷凍 10 分鐘，讓奶油醬冷卻，接著再冷藏 2 小時。

2. 製作熱內亞蛋糕體麵糊

烤箱預熱至 180℃。

將蛋黃、全蛋和 120 克砂糖打發。加入轉化糖漿、乳化劑和軟化的杏仁膏。拌勻。

蛋白加入 50 克的砂糖打發至硬性發泡。

麵粉和馬鈴薯澱粉過篩備用。

將硬性發泡的蛋白與蛋等備料混合。輕輕混入麵粉、馬鈴薯澱粉和一撮鹽。

依模具大小而定，將做好的麵糊倒入一至兩個木柴蛋糕模中。放入烤箱烤 30 分鐘。

冷卻後，將蛋糕體橫切成 3 塊。

3. 製作減糖義式蛋白霜

平底深鍋中放入 100 克的糖和水，加熱至 117℃。

將蛋白打發成泡沫狀，一起泡，就加入 10 克的糖，繼續攪打至硬性發泡。

將煮好的糖以細流狀倒入蛋白中，繼續以電動攪拌器攪打至備料冷卻。

取 70 克做為接下來的配方。如果還有剩，請為容器蓋上保鮮膜，冷凍保存至下次使用。

4. 製作櫻桃酒糖漿

用打蛋器混合櫻桃酒、熱水和糖。不時攪拌，讓糖溶解。常溫保存。

5. 製作輕法式奶油霜

用打蛋器將卡士達奶油醬攪拌至軟化。

以小火加熱，將奶油攪打成乳霜狀。

將奶油輕輕加進卡士達奶油醬中，攪拌至整體變得蓬鬆。混入義式蛋白霜，輕輕攪拌。常溫保存。

6. 製作櫻桃酒慕斯林奶油醬

櫻桃酒隔水加熱至 30℃。

用橡皮刮刀攪拌冷的卡士達奶油醬，接著隔水加熱至 30℃。

將櫻桃酒倒入卡士達奶油醬中，接著混入輕法式奶油霜。加入少許的紅色食用色素。常溫保存。

7. 進行組裝與最後修飾

將蛋糕體擺在金色紙板上，刷上櫻桃酒糖漿。

櫻桃酒慕斯林奶油醬填入裝有 10 公釐花嘴的擠花袋，接著擠在蛋糕體上。

將第二條蛋糕體擺在奶油醬上。在蛋糕體表面均勻刷上櫻桃酒糖漿。

在蛋糕上加上少量的櫻桃酒慕斯林奶油醬，用抹刀將整個周圍抹平。

冷凍保存 1 小時。之後，將蛋糕從冷凍庫中取出，冷藏 30 分鐘，以免凝結，利用這段時間準備杏仁膏。

工作檯和杏仁膏撒上糖粉，用桿麵棍將杏仁膏擀成 2 至 3 公釐的厚度。用槽型或格紋桿麵棍（鑲嵌條紋或小方格的桿麵棍）擀壓杏仁膏表面，形成花紋。

將蛋糕從冰箱中取出，均勻地鋪上杏仁膏。

將剩餘的慕斯林奶油醬打發，填入裝有星型花嘴的擠花袋，在木柴蛋糕上擠出小玫瑰花做為裝飾。

最後擺上染成粉紅色的小蛋白霜及粉紅色的 PCB 巧克力裝飾。

準備時間：5 小時
烘焙時間：40 至 50 分鐘
靜置時間：數小時

（前一天開始準備配方）

材料

1. 粉紅葡萄柚打發甘那許
吉利丁 3 克
粉紅葡萄柚汁 100 毫升和葡萄柚皮
　　1 顆的份量
葡萄糖 5 克
香草莢 1/2 根
法芙娜白巧克力（CHOCOLAT
　　IVOIRE）120 克
全脂液狀鮮奶油 200 克

2. 香草香醍鮮奶油
全脂液狀鮮奶油 300 克
砂糖 20 克
波旁（BOURBON）香草莢 1/2 根

3. 折疊派皮
反折疊派皮 300 克（見 38 頁食譜）

4. 泡芙餅皮
水 100 毫升
全脂牛乳 100 毫升
鹽 2 克
砂糖 2 克
奶油 100 克＋烤盤用奶油少許
麵粉 100 克＋烤盤用麵粉少許
雞蛋 200 克
糖粉

5. 卡士達奶油醬
全脂牛乳 250 毫升
香草莢 1 根
蛋黃 60 克
砂糖 60 克
玉米粉 25 克
新鮮奶油（BEURRE FRAIS）
　　25 克
櫻桃酒 5 克

6. 低脂卡士達奶油醬
全脂液狀鮮奶油 30 克
卡士達奶油醬 280 克

7. 糖漬粉紅葡萄柚
粉紅葡萄柚 1 顆
糖（重量同切丁的葡萄柚）
紅石榴糖漿 1 大匙
紅色食用色素 1 滴

8. 焦糖
砂糖 400 克
水 150 毫升
葡萄糖 100 克（或檸檬汁 1 小匙，
　　或是在食品專賣店找得到的葡萄
　　糖蜜 MIEL GLUCOSE）
草莓紅食用色素

用具
料理溫度計 1 支
8 公釐平口花嘴擠花袋 1 個
12 公釐平口花嘴擠花袋 1 個
聖多諾黑花嘴擠花袋 1 個

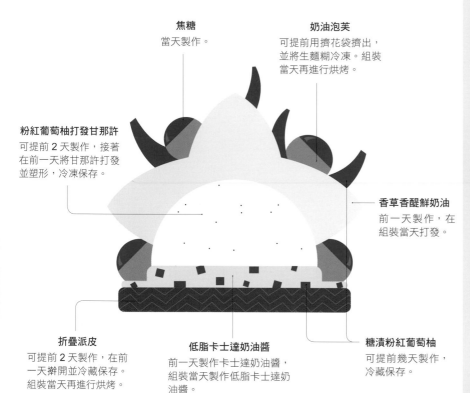

焦糖
當天製作。

奶油泡芙
可提前用擠花袋擠出，並將生麵糊冷凍。組裝當天再進行烘烤。

粉紅葡萄柚打發甘那許
可提前 2 天製作，接著在前一天將甘那許打發並塑形，冷凍保存。

香草香醍鮮奶油
前一天製作，在組裝當天打發。

折疊派皮
可提前 2 天製作，在前一天擀開並冷藏保存。組裝當天再進行烘烤。

低脂卡士達奶油醬
前一天製作卡士達奶油醬，組裝當天製作低脂卡士達奶油醬。

糖漬粉紅葡萄柚
可提前幾天製作，冷藏保存。

組裝

你可提前製作泡芙（將生的泡芙餅皮冷凍），前一天或提前 2 天，甚至提前數日製作折疊派皮，若是後者的情況，請將生派皮冷凍。前一天製作卡士達奶油醬。

品嚐當天，將生的泡芙餅皮解凍，接著烘烤。冷卻至室溫下後填餡。

組裝之前冷藏保存。烘烤折疊派皮。混合卡士達奶油醬和打發鮮奶油，冷藏靜置 1 小時後再使用。接著進行組裝、裝飾。冷藏保存，直到品嚐前取出。

記得在木柴蛋糕底下擺上長方形紙板。

1. （前一天）製作粉紅葡萄柚打發甘那許

將吉利力浸泡在冷水中。

葡萄柚汁、葡萄糖和香草放入平底深鍋中，以中火加熱。離火，加入擰乾的吉利丁和葡萄柚皮。攪拌後。分3次倒入白巧克力中。繼續攪拌。冷卻後加入液狀鮮奶油。冷藏一個晚上。

隔日，在使用前打發成接近香醍鮮奶油的狀態。請注意！要輕輕地打，以免鮮奶油變得過硬。放入槽型蛋糕模後冷凍。

2. （前一天）製作香草香醍鮮奶油

取平底深鍋加熱 1/4 的鮮奶油、糖和刮下的香草籽。接著，全部倒進剩餘的冷鮮奶油中，蓋上保鮮膜，放進冰箱冷藏浸泡一整晚。

3. 製作折疊派皮

烤箱預熱至 220℃。

將折疊派皮鋪開擀成3公釐厚，且寬12公分、長28公分。擺在鋪有烤盤紙的不沾烤盤上。派皮撒上砂糖。蓋上烤盤紙，在上面放上烤盤，以免發酵。

放入烤箱烤 20 至 25 分鐘。在千層酥烤好時，從烤箱取出，倒扣，並撒上糖粉。

再放進烤箱烤一會兒，將糖烤成焦糖。

持續留意烘烤狀況，以免派皮烤焦。烤好後置於網架上放涼，充分冷卻後再使用。

4. 製作泡芙餅皮

烤箱預熱至 180℃。

注意：烤箱設定乾燥加熱狀態（不使用風扇），否則餅皮會塌陷。

水、牛乳、砂糖、鹽和塊狀奶油倒入平底深鍋。以中火加熱。當奶油完全融化且混料充分加熱，將鍋子離火。一次倒入麵粉，用打蛋器攪拌。持續攪打至麵粉完全融入混料。

以中火加熱 30 秒，一邊加熱一邊攪拌至麵糊乾燥。

拌至麵糊不沾黏鍋邊，接著倒入容器中，停止烹煮。

緩緩加入雞蛋，同時以打蛋器攪拌。麵糊不應過軟或過硬。

將麵糊填入裝有 8 公釐花嘴的擠花袋。在輕輕刷上奶油和薄撒麵粉的烤盤上擠出 3 公分大的小泡芙麵糊，務必兩兩間隔幾公分的距離，以免烘烤時黏在一起。撒上糖粉。

放入烤箱烤 20 至 25 分鐘。為了讓泡芙順利膨脹，烘烤期間請勿打開烤箱門！烤好後，擺在網架上放涼。

5. 製作卡士達奶油醬

牛乳和香草放入鍋中煮沸。

將蛋黃、糖和玉米粉拌成平滑的混料。

再將混料倒入熱牛乳中，再度煮沸。混入奶油，中止烹煮。

接著讓奶油醬快速冷卻至 30℃。首先將奶油醬倒在保鮮膜上並置於烤盤，用保鮮膜覆蓋奶油醬，接著將烤盤放入冰箱冷凍約十分鐘，接著再冷藏。

在裝好打蛋攪拌頭的電動攪拌機中攪打冷卻的卡士達奶油醬，接著倒入櫻桃酒。冷藏保存 1 小時。

6. 調配低脂卡士達奶油醬

液狀鮮奶油打發成香醍鮮奶油。

用電動攪拌機用力攪拌卡士達奶油醬，取一小部分，接著輕輕混入打發鮮奶油中。

7. 製作糖漬粉紅葡萄柚

洗淨葡萄柚。用刀切成薄片並保留少許果肉（1公釐）。

取平底深鍋將水煮沸，放入葡萄柚皮，燉煮 2 分鐘。水倒掉，用冷水沖洗。重複同樣的程序 7 至 8 次，每次都從冷水煮至沸騰。

燙煮過的葡萄柚皮秤重，加入等重的砂糖、食用色素和 1 大匙的紅石榴糖漿，以小火煮至水分收乾，柚皮變為半透明。如有需要可加水繼續烹煮。

放一旁備用。

8. 製作焦糖

取一厚底深鍋，以中火煮糖、水、食用色素和葡萄糖（或檸檬汁），煮至糖溶解且產生顏色漂亮的焦糖，並達 155℃。鍋底放入裝有冷水的容器浸泡一下，中止烹煮。

9. 進行組裝

用刀子在泡芙餅皮底部戳洞。將泡芙頂端浸入熱焦糖液。輕輕搖動去除多餘的糖。

將泡芙倒過來，從上方為泡芙吹氣（或使用小風扇）。讓泡芙表面的焦糖凝固，但不要將泡芙擺著！這樣焦糖才會變得平滑，因為糖會凝固而不會流到泡芙的邊緣。

焦糖一硬化，就從戳好洞的底部擠入卡士達奶油醬。將泡芙黏在千層派周圍。可用少許的奶油醬或融化的焦糖固定。

在內部鋪上少量的打發卡士達奶油醬，並加上一些糖漬葡萄柚丁，接著擺上冷凍的葡萄柚打發甘那許片。

接著用裝有聖多諾黑花嘴的擠花袋，為蛋糕製作美麗且非常勻稱的香草香醍鮮奶油螺旋紋。

用幾顆泡芙和糖漬葡萄柚皮裝飾。

MILLE-FEUILLE

VANILLE

香草千層派

香草千層派 MILLE-FEUILLE VANILLE

材料

1. 卡士達奶油醬
全脂鮮乳 500 毫升
脫脂奶粉 5 克
香草莢 1 根
蛋黃 45 克
砂糖 80 克
玉米粉 45 克

2. 外交奶油醬
吉利丁 3 克
全脂液狀鮮奶油 200 克

3. 千層酥
反折疊派皮（PÂTE FEUILLETÉE
　　INVERSÈE）（見 38 頁）400 克
天然香草糖 60 克（由砂糖和回收並
　　打碎的香草莢混合而成）
糖粉 50 克
裝飾糖

用具
料理溫度計 1 支
12 公釐平口花嘴擠花袋 1 個

準備時間：3 小時（完成派皮！）
烘焙時間：20 至 25 分鐘
靜置時間：2 小時
10 人份

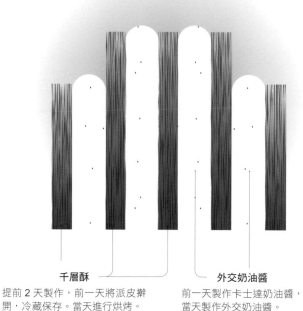

千層酥
提前 2 天製作，前一天將派皮擀
開，冷藏保存。當天進行烘烤。

外交奶油醬
前一天製作卡士達奶油醬，
當天製作外交奶油醬。

組裝

品嚐當天組裝。

前一天或提前 2 天，甚至可更早幾天製作折疊派皮。將生派皮冷凍，當天烘烤折疊派皮。

前一天烘烤卡士達奶油醬。品嚐當天，混合卡士達奶油醬和打發鮮奶油，冷藏靜置 1 小時後再使用，質地會略為變硬。

進行組裝和裝飾。冷藏保存至品嚐前取出。

記得在木柴蛋糕下方擺上長方形紙板。

1. 製作卡士達奶油醬

鮮乳、奶粉和剖半的香草莢放至鍋中煮沸。

蛋黃、糖和玉米粉均勻混合成平滑的備料。將混料倒入熱鮮乳中，再度煮沸。

接著讓奶油醬快速冷卻至 10℃。先將奶油醬倒在保鮮膜上並置於烤盤，用保鮮膜將奶油醬完全包覆，接著放入冰箱冷凍約 20 分鐘，取出後，再冷藏 30 分鐘。

2. 調製外交奶油醬

將吉利丁浸泡在冰涼的冷水中。

在裝好打蛋攪拌頭的電動攪拌機中，將鮮奶油攪打成香醍鮮奶油。

卡士達奶油醬一冷卻，就用電動攪拌機非常用力地攪打至完全平滑。

將擰乾的吉利丁隔水加熱，或以微波的方式加熱至融化，加入少量的卡士達奶油醬，快速攪打，稍微加熱混料，再加入少量的卡士達奶油醬，接著是剩餘的卡士達奶油醬，全程都用力攪打。

輕輕地、快速地用橡皮刮刀混入打發鮮奶油。將奶油醬冷藏保存 1 小時，讓奶油醬稍微凝固。

3. 製作千層酥

烤箱預熱至 180℃。

將折疊派皮擀成 2 至 3 公釐的厚度。靜置至少 1 小時。烤盤鋪上烤盤紙並擺上派皮。撒上香草糖，再蓋上一張烤盤紙和網架（或烤盤）。

放入烤箱烤 20 至 25 分鐘。

將派皮切成 5 個長方形：30×5 公分 2 塊、30×7 公分 2 塊，以及 30×10 公分 1 塊。

保留碎屑做為裝飾用。

在千層酥烤至 3/4 的時間時，將千層酥從烤箱中取出。將烤箱的烤架加熱，為千層酥撒上糖粉，將千層酥擺在烤架下方一會兒，持續留意，以免燒焦。

待長方形酥皮在烤盤上完全冷卻後再進行組裝。

4. 進行組裝

在鋪有烤盤紙的烤盤上擺上 10 公分的長方形酥皮。擠花袋中填入外交奶油醬，在第一塊酥皮上擠出 4 條奶油醬。擺上一塊寬 7 公分的長方形千層酥，並將千層酥直立。

在第二塊 7 公分的千層酥上擠出 4 條奶油醬，並黏在直立的大長方形酥皮上。

接著，將剩餘的奶油醬擠在 5 公分的長方形酥皮上，貼在其他 7 公分的酥皮上。

最後，將千層酥碎屑切成薄片，黏在整個表面。

冷凍 15 分鐘。

為千層派撒上糖粉和裝飾糖（不會融化的糖粉！）

建議：可仿照過去的千層派作法，在表面用白色翻糖和黑巧克力做出小花紋。

準備時間：4 小時
烘焙時間：1 小時
靜置時間：最少 2 小時
尺寸：長 25 公分

材料

1. 卡士達奶油醬
全脂鮮乳 320 毫升
香草莢 1/2 根
脫脂奶粉 3 克
蛋黃 30 克
砂糖 50 克
玉米粉 30 克

2. 榛果蛋白脆餅
蛋白 250 克
砂糖 200 克
榛果粉 120 克
糖粉 120 克
香草粉 1 克
蛋白脆餅碎屑 40 克（第一次，
　放入蛋白霜碎屑）
杏仁片 100 克

3. 減糖義式蛋白霜
砂糖 80 克＋ 10 克
水 50 毫升
蛋白 60 克

4. 輕法式奶油霜
卡士達奶油醬 170 克
軟奶油 150 克
減糖義式蛋白霜 70 克（將蛋白霜
　秤重！）

5. 特級帕林內慕斯林奶油醬
卡士達奶油醬 85 克
輕法式奶油霜 300 克
（榛果／杏仁）60/40 榛果帕林內
　55 克
榛果醬 50 克
打發全脂液狀鮮奶油 90 克

6. 最後修飾
杏仁片
榛果 1 顆

用具
12 公釐平口花嘴擠花袋 1 個
10 公釐平口花嘴擠花袋 1 個
料理溫度計 1 支

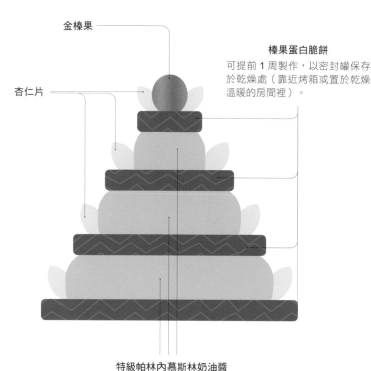

金榛果

杏仁片

榛果蛋白脆餅
可提前 1 周製作，以密封罐保存
於乾燥處（靠近烤箱或置於乾燥
溫暖的房間裡）。

特級帕林內慕斯林奶油醬
組裝時製作。前一天製作卡士達
奶油醬並冷藏一個晚上。

組裝

兩種作法可選擇：

1. 品嚐當天組裝。前一天或提前 2 天製作蛋白脆餅，並在前一天製作卡士達奶油醬。
　當天，製作帕林內慕斯林奶油醬。進行組裝，接著製作裝飾：杏仁、糖飾和糖粉。

2. 可提前組裝木柴蛋糕並冷凍：請將冷凍至硬化的未裝飾蛋糕仔細包好。品嚐當天進
　行裝飾，留意待蛋糕充分解凍後再擺上裝飾。

記得在木柴蛋糕下方擺上長方形紙板。

1. 製作卡士達奶油醬

鮮乳、剖半的香草莢和奶粉放入鍋中煮沸。

蛋黃和糖攪打至整體平滑。加入玉米粉並輕輕拌勻。將少許的煮沸鮮乳倒入備料中並混合。

倒入剩餘的鮮乳，以中火將奶油醬煮沸，一邊攪拌，接著離火。

放入冰箱冷藏保存 1 小時。

2. 製作榛果蛋白脆餅

烤箱預熱至 150℃。

蛋白加入少許砂糖打發。

蛋白打至硬性發泡後，將剩餘的糖混入蛋白中。

接著加入榛果粉、糖粉、香草粉、碎屑，用刮刀輕輕拌勻。

將備料填入 12 公釐平口花嘴的擠花袋，在鋪有烤盤紙的烤盤上分別擠出 1 條、2 條、3 條、4 條 25 公分長的蛋白脆餅。在表面撒上杏仁片和少量的糖粉。

放入烤箱烤約 1 小時，烘烤過程中將烤盤轉向。

蛋白脆餅烤好後，在網架上放至完全冷卻再使用。

3. 製作減糖義式蛋白霜

以中火將 80 克的糖和水加熱至 117℃。

將蛋白打發成泡沫狀，一發泡，就加入 10 克的糖，繼續攪打至硬性發泡。

煮好的糖以細流狀倒入蛋白中，繼續以電動攪拌器攪打至備料冷卻。

取 70 克。如果還有剩，容器蓋上保鮮膜後，冷凍保存至下次使用。

4. 製作輕法式奶油霜

用小型打蛋器將卡士達奶油醬攪拌至軟化。

以小火加熱，將奶油攪打成乳霜狀。

將奶油輕輕加入卡士達奶油醬中，攪拌至整體變得蓬鬆。接著混入義式蛋白霜，輕輕攪拌。常溫保存。

5. 製作特級帕林內慕斯林奶油醬

用打蛋器將冷的卡士達奶油醬攪拌至完全濃稠滑順。

用電動攪拌機將法式奶油霜打發；若奶油霜凝固，請以小火加熱。加入帕林內、榛果醬，持續攪打混合。

接著混入卡士達奶油醬。應攪打成結實而非柔軟的質地。若過軟，請將攪拌機的攪拌缸連同奶油醬一起冷藏一會兒。如果過硬，應將攪拌缸稍微加熱，同時持續輕輕攪拌。這時以橡皮刮刀輕輕混入打發鮮奶油。

常溫保存。

6. 進行組裝與裝飾

將 4 條 25 公分的蛋白脆餅基底擺在烤盤上。

用 10 公釐花嘴的擠花袋在蛋白脆餅上擠出 5 條特級帕林內慕斯林奶油醬。

在奶油醬上擺上 3 條的蛋白脆餅。

在第二層脆餅上擠出 3 條特級帕林內慕斯林奶油醬，擺在烤盤上，冷藏幾分鐘，讓奶油醬凝固。

時間到，將蛋糕取出，擺上 2 條的蛋白脆餅，稍微按壓，並在表面擠出 2 條特級帕林內慕斯林奶油醬，整個冷凍 30 分鐘。

用剩餘的慕斯林奶油醬裝飾蛋糕，並用幾顆杏仁來掩飾可能的小瑕疵，撒上糖粉或特製糖（不會因潮濕而溶解），最後在中央黏上一顆榛果便完成。

準備時間：4 小時
烘焙時間：40 分鐘
靜置時間：1 小時
10 人份

材料

1. 堅果帕林內
胡桃（NOIX DE PÉCAN）30 克
腰果 30 克
開心果 30 克
去皮榛果 40 克
去皮杏仁 30 克
砂糖 120 克

2. 傳統軟蛋糕體
奶油 80 克＋模型用少許
杏仁膏 30 克
蛋黃 4 顆
砂糖 180 克（120 克＋60 克）
雞蛋 2 顆
溫水 30 毫升
蛋白 120 克
T45 麵粉 130 克＋模型用少許
泡打粉 2 克
苦甜可可粉 10 克
核桃粉 40 克
堅果帕林內 40 克

3. 義式蛋白霜
水 70 毫升
砂糖 160 克
蛋白 100 克

4. 堅果帕林內奶油醬
軟奶油 200 克
榛果醬 90 克
天然開心果醬 40 克
碎帕林內果仁糖 60 克
切碎的烤開心果 20 克
堅果帕林內 60 克

5. 香草糖漿
水 150 毫升
砂糖 60 克
香草莢 1/2 根
香草精 1 小匙

6. 巧克力葉片
可可脂含量 61% 的黑巧克力 250 克

用具
24 公分的木柴蛋糕模 1 個
烤盤墊 1 張
料理溫度計 1 支
玻璃紙
曲型抹刀 1 把
裝有花嘴的擠花袋 1 個

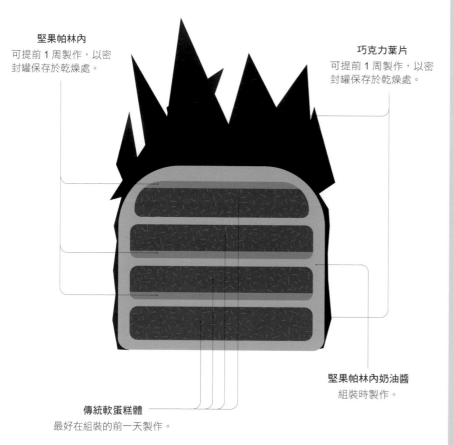

堅果帕林內
可提前 1 周製作，以密封罐保存於乾燥處。

巧克力葉片
可提前 1 周製作，以密封罐保存於乾燥處。

堅果帕林內奶油醬
組裝時製作。

傳統軟蛋糕體
最好在組裝的前一天製作。

組裝

兩種作法可選擇：

1. 前一天，製作蛋糕體、帕林內和巧克力葉。當天製作奶油醬，進行組裝，並用巧克力葉裝飾。

2. 提前組裝木柴蛋糕並冷凍。將冷凍至硬化的未裝飾蛋糕仔細包好。品嚐當天進行裝飾，解凍（約冷藏 3 小時）後擺上巧克力葉裝飾。

記得在木柴蛋糕下方擺上長方形紙板。

1.（提前）製作堅果帕林內

烤箱預熱至 170℃。

將堅果倒入鋪有烤盤紙的烤盤中，放進烤箱烘烤約十分鐘。

在指間搓揉榛果以去皮。

平底深鍋中放入一半的糖，中火加熱至融化，用刮刀攪拌。當糖充分溶解且開始變色，混入剩餘的糖，同時攪拌，以均勻烹煮。

當糖變為極深的焦糖色，將鍋子離火。混入堅果並攪拌，讓焦糖完全包覆堅果。

移至烤盤墊上。放涼。

焦糖冷卻後，將堅果碎成大塊，並以電動攪拌機攪打成粗粒粉末，做成磨碎的帕林內。

將 2 份 60 克的磨碎帕林內保留備用，剩餘的打成膏狀，製成堅果帕林內。

2.（前一天）製作傳統軟蛋糕體

烤箱預熱至 180℃。

在小型平底深鍋中，小火將奶油煮至淺榛果色。置一旁備用。

用電動攪拌機將杏仁膏攪打至軟化（微波加熱），一邊緩緩混入蛋黃。

將混料倒入電動攪拌機中，加入 120 克的砂糖，再一次加入一顆全蛋。以高速攪打混料。接著倒入溫水。

打發蛋白和 60 克的砂糖，直到硬性發泡。

麵粉、泡打粉和可可粉過篩。加入核桃粉。混合硬性發泡的蛋白和打發蛋黃等備料。輕輕混入麵粉、泡打粉和可可粉的混料。

在微溫的液狀奶油中加入少量上述的混料，混入 40 克的堅果帕林內並拌勻，接著再混入剩餘的堅果帕林內。

倒入刷上奶油並撒上麵粉的木柴蛋糕模中，至 5 公分的高度。

放入烤箱烤 30 分鐘。

3. 製作義式蛋白霜

在平底深鍋中，將水和糖煮至 120℃。接著倒入稍微打發的蛋白中，攪拌至冷卻。

4. 製作堅果帕林內奶油醬

長時間攪打膏狀奶油，將奶油打發，讓奶油變得蓬鬆，加入榛果醬、開心果醬、60 克的碎帕林內果仁糖、開心果和堅果帕林內，拌勻。

加入溫熱且濃稠滑順的義式蛋白霜，用橡皮刮刀輕輕攪拌，以保持輕盈。

5. 製作香草糖漿

在平底深鍋中混合所有材料，煮沸後放涼。

6. 製作巧克力葉片

將弄碎成小塊的巧克力隔水加熱至融化。攪拌成平滑的質地，約 50℃ 的溫度。

將 3/4 的融化巧克力倒在大理石板或冰涼乾燥的表面上。用刮刀攪拌至溫度回到 29 至 28℃。

倒入另一個溫熱的容器中。緩緩加入剩餘 1/4 的巧克力。攪拌並留意溫度必須約為 31 或 32℃。到達此溫度時，勿再倒入熱巧克力。

用溫度計檢查，務必要保持在這樣的溫度。

也可以重新加熱巧克力，最好以微波的方式。

用曲型抹刀將巧克力薄薄地鋪在玻璃紙上。巧克力凝固後，冷藏保存。

7. 進行蛋糕組裝

將木柴蛋糕沿著長邊切成三條，接著刷上香草糖漿，用擠花袋在蛋糕體的長邊擠上帕林內奶油醬，撒上磨碎的帕林內，再蓋上第二條蛋糕體；繼續以同樣方式堆疊第二層，並蓋上第三條蛋糕體。

為整個蛋糕體鋪上帕林內奶油醬，但保留少許奶油醬。將蛋糕冷藏至少 1 小時，讓奶油醬凝固。

從冰箱取出時，再鋪上極少量剩餘的奶油醬。

以巧克力葉片進行裝飾，將巧克力葉片按壓在奶油醬上。作法是以熱抹刀（浸泡沸水或隔水加熱）按壓奶油醬，並直接黏上每一片巧克力葉片。

最後用兩片裝飾巧克力板（見 30 頁）進行裝飾。

巧克力

CHOCOLAT

CHOC'
BANANA
巧克香蕉

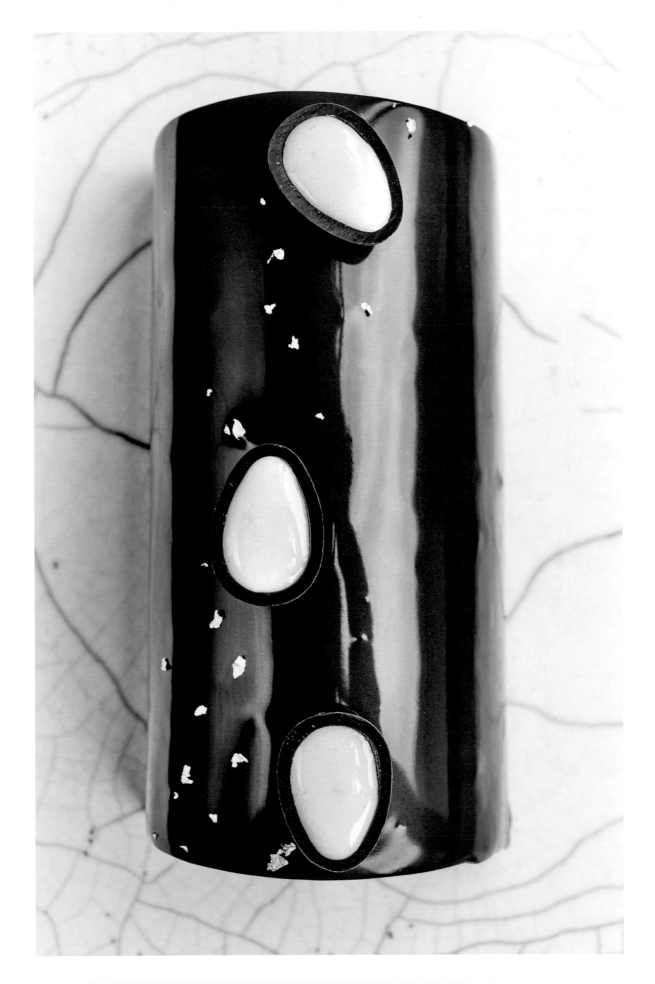

巧克香蕉 CHOC' BANANA

準備時間：5 小時
烘焙時間：30 分鐘
靜置時間：至少 1 個晚上
10 人份

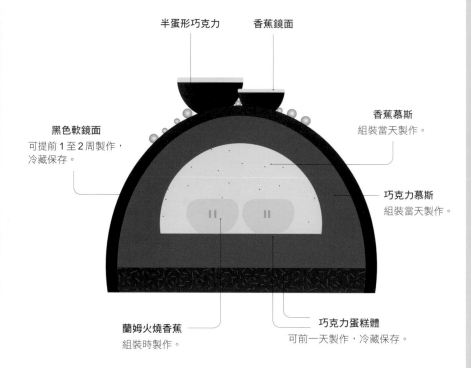

半蛋形巧克力　　　香蕉鏡面

黑色軟鏡面
可提前 1 至 2 周製作，
冷藏保存。

香蕉慕斯
組裝當天製作。

巧克力慕斯
組裝當天製作。

蘭姆火燒香蕉
組裝時製作。

巧克力蛋糕體
可前一天製作，冷藏保存。

組裝

兩種作法可選擇：

1. 前一天，製作蛋糕體和鏡面。當天，製作香蕉慕斯和巧克力慕斯、火燒香蕉，進行組裝，冷凍至少 3 小時，為冷凍的蛋糕淋上鏡面，接著進行裝飾。冷藏至品嚐前取出。

2. 提前組裝木柴蛋糕並冷凍。在這種情況下，請將凍至硬化但尚未淋上鏡面的木柴蛋糕仔細包好。品嚐當天，在未解凍狀態下淋上鏡面，擺上裝飾。

記得在木柴蛋糕下方擺上長方形紙板。

材料

1. 巧克力蛋糕體
砂糖 30 克
呂貝克（LUBECA）杏仁膏 15 克
蜂蜜 5 克
蛋黃 50 克
熱水 20 毫升
（法芙娜）特級苦甜巧克力 15 克
蛋白 70 克
砂糖 30 克
T45 麵粉 85 克
（法芙娜）苦甜可可粉 10 克

2. 香蕉慕斯
吉利丁 3 克
香蕉果肉 125 克
砂糖 55 克
檸檬汁 12 克
打發鮮奶油 160 克

3. 巧克力慕斯
（法芙娜）吉瓦納調溫巧克力 295 克
奶油 40 克
蛋白 275 克
糖 75 克

4. 蘭姆酒火燒香蕉
香蕉 2 根
粗紅糖 20 克
檸檬汁（1/4 顆份量）
棕色蘭姆酒 1 瓶蓋

5. 香蕉鏡面
葡萄糖 75 克
杏酒（ABRICOTINE）125 克
鏡面凝膠（GELÉE MIROIR）125 克
香蕉 1/2 根
香蕉利口酒 50 克
二氧化鈦* 0.5 克

6. 黑色軟鏡面
（法芙娜）加勒比巧克力 200 克
全脂液狀鮮奶油 150 克
無色無味鏡面果膠 400 克

7. 最後修飾
半蛋形巧克力

用具
24 公分的木柴蛋糕模 1 個
料理溫度計 1 支
寬 4 或 5 公分的定型模 1 個
玻璃紙
抹刀 1 把
略大於木柴蛋糕的紙板 1 張

---

* OXYDE DE TITANE 為合法
的食品添加物，在食品加工
上可做為起雲劑或白色食用
色素使用。

1. 製作巧克力蛋糕體

在裝有打蛋攪拌頭的電動攪拌機中放入糖、杏仁膏、蜂蜜和 1/4 的蛋黃。攪打至乳化。混料一泛白,就混入剩餘的蛋黃,持續打發 10 分鐘。

倒入熱水,持續以中速攪拌混料 5 分鐘。

巧克力隔水加熱至 55℃,讓巧克力融化。混入混料中,再繼續以中速攪拌 5 分鐘。

將蛋白和糖打發,同時保持均勻柔軟。將第 1 份混料輕輕混入打發蛋白中,最後加入過篩的麵粉和可可粉。

烤盤鋪上烤盤紙。

放入烤箱以 170 ～ 180℃ 烤 15 至 20 分鐘。

放涼後,將蛋糕切成寬 8 公分、長 24 公分的長條和寬 5 公分、長 24 公分的長條。

2. 製作香蕉慕斯

將吉利丁浸泡在冰涼的冷水中。

用電動攪拌機攪打香蕉、砂糖和檸檬汁。

小火將擰乾的吉利丁加熱至融化,接著逐次逐量加入果肉。加熱至 30℃ 後混入打發鮮奶油,勿使打發鮮奶油塌陷。注意!請輕輕混合。

倒入鋪有玻璃紙或烤盤紙的定型模中塑形,這會有利於脫模。冷凍至木柴蛋糕組裝前。若你沒有定型模,可將這奶油醬倒入鋪有保鮮膜的 24 公分長方形蛋糕模中。

3. 製作巧克力慕斯

將巧克力和奶油隔水加熱至 55℃,讓巧克力和奶油融化。倒入極快速打發的蛋白(意即不會太稠密),一邊快速混入砂糖。預留備用。

4. 用蘭姆酒火燒香蕉

香蕉剝皮,切成厚 1 公分的半圓片,淋上檸檬汁。

在平底煎鍋中,以大火煎煮粗紅糖和奶油,再放入香蕉片,倒入蘭姆酒並點火。冷藏保存。

5. 製作香蕉鏡面

中火將葡萄糖加熱至融化,逐量加入杏酒和鏡面凝膠。加入香蕉和利口酒,接著和二氧化鈦一起以電動攪拌機攪打。保留做為裝飾用。

6. 製作黑色軟鏡面

注意,請用橡皮刮刀攪拌!

製作甘那許,加入預先加熱至 60℃ 的鏡面,以電動攪拌機攪打後再使用。

7. 進行組裝與最後修飾

木柴蛋糕模內鋪上保鮮膜、玻璃紙或塑膠紙,或最簡單的烤盤紙。

在鋪有膜紙的模型內壁鋪上 2 公分厚的巧克力慕斯。

填入冷凍香蕉慕斯。在香蕉慕斯表面鋪上火燒香蕉丁。

慕斯表面擺上寬 5 公分的條狀蛋糕體,仔細按壓。用擠花袋在表面擠上剩餘的巧克力慕斯。抹至平滑均勻,接著再放上蛋糕體(寬 8 公分,長度同你的模型)。

冷凍保存至少一個晚上。

脫模,移去保鮮膜,將木柴蛋糕擺在網架上,淋上預先加熱至 35 ～ 40℃ 並以小型手持式電動攪拌棒攪打的軟鏡面。(在此階段,應避免混入空氣,只要將鏡面抹平並具有流動感。)

將木柴蛋糕擺在紙板上,以免受到撞擊!紙板中央擺上少許鏡面,可避免蛋糕滑動。

用填入香蕉鏡面的半蛋形巧克力進行裝飾。

MYRTILLE MYSTÈRE
神祕藍莓

準備時間：4 小時
烘焙時間：12 分鐘
靜置時間：至少 2 小時
10 人份

白巧克力鏡面
可提前 1 至 2 周製作，
冷藏保存。

紫巧克力方塊
可提前 1 至 2 周製作，保存於
12 至 17℃的乾燥處。

藍莓果漬
可提前 3 至 4 天製作，
冷藏保存。

特級黑可可蛋糕體
前一天製作，冷藏
保存。

牛奶巧克力慕斯
組裝當天製作。

組裝

兩種作法可選擇：

1. 品嚐當天進行組裝：提前幾天製作巧克力裝飾。提前 2 天製作可可蛋糕體。前一天製作蛋糕卷、果漬和鏡面。當天，製作巧克力慕斯。進行組裝，冷凍至少 3 小時。為冷凍的蛋糕淋上鏡面，接著進行裝飾。冷藏至品嚐前取出。

2. 可提前組裝木柴蛋糕並冷凍：注意，請將凍至硬化但尚未淋上鏡面的木柴蛋糕。品嚐當天，（在尚未解凍的狀態下）淋上鏡面，進行裝飾。

記得在木柴蛋糕下方擺上長方形紙板。

請優先選擇野生藍莓來製作這道食譜。

材料

1. 特級黑可可蛋糕體
蛋黃 45 克
雞蛋 75 克
糖 75 克
蛋白 90 克
麵粉 25 克
可可粉 25 克

2. 藍莓果漬
野生桑葚 100 克
野生藍莓 150 克
砂糖 70 克
NH 果膠 4 克

3. 牛奶巧克力慕斯
（法芙娜）吉瓦納牛奶巧克力 220 克
全脂牛乳 45 克
全脂液狀鮮奶油 45 克
蛋黃 20 克
砂糖 7 克
全脂液狀鮮奶油 180 克

4. 杏仁糖漿（SIROP D'ORGEAT）
水 50 毫升
杏仁糖漿 45 克
橙花水 10 克

5. 白巧克力鏡面
吉利丁 10 克
水 75 毫升
砂糖 150 克
葡萄糖 150 克
甜煉乳 100 克
可可脂含量 40% 的調溫牛奶巧克力
　75 克
白巧克力 75 克
二氧化鈦白色食用色粉 1 克

6. 最後修飾
（法芙娜）吉瓦納牛奶巧克力 50 克
糖粉
紫巧克力方塊（見 30 ～ 33 頁）

用具

長 24 公分、寬 8 公分的木柴蛋糕模
　1 個
曲型抹刀 1 把
14 號圓口花嘴的擠花袋 1 個

3. 製作牛奶巧克力慕斯

巧克力隔水加熱至融化。

用牛乳、鮮奶油、蛋黃和糖製作英式奶油醬。

煮至 80℃。

倒入融化的吉瓦納巧克力中。

快速攪拌。

放涼至 30℃，再和打發鮮奶油輕輕混合。預留備用。

4. 杏仁糖漿

混合所有材料。

5. 製作白巧克力鏡面

將吉利丁浸泡在冰涼的冷水中。

取平底深鍋，將水、糖和葡萄糖煮沸 1 分鐘。

加入甜煉乳，拌勻。混入瀝乾的吉利丁。

分 3 次倒入切碎且半融的巧克力中。

加入白色食用色粉，以電動攪拌機攪打 20 秒。預留備用。

6. 進行組裝

將可可蛋糕體擺在烤盤紙上。刷上糖漿。

用裝有 14 號圓口花嘴的擠花袋擠上藍莓果漬。

用烤盤紙將大的蛋糕體緊密地捲起，冷凍 1 小時。

木柴蛋糕模鋪上保鮮膜，倒入 200 克的巧克力慕斯，冷凍 10 分鐘。

再倒入 100 克的巧克力慕斯。將側邊整個鋪滿，擺上蛋糕卷。

再倒入更多巧克力慕斯。放入最後的蛋糕體，在蛋糕體上鋪上融化的吉瓦納巧克力。撒上少量糖粉。

將木柴蛋糕放入冰箱冷凍。

食用前，將木柴蛋糕從冷凍庫中取出，淋上鏡面，以紫巧克力方塊裝飾。

1. 製作特級黑可可蛋糕體

旋風烤箱預熱至 180℃。

攪打蛋黃、雞蛋和 50 克的糖。

用蛋白和 25 克的糖製作蛋白霜。

混合麵粉和可可粉並過篩。

在第一份混料中混入一半的蛋白霜。

接著加入剩餘的蛋白霜和乾料。拌勻。

將 335 克的備料倒入 30×40 公分的烤盤中，用不鏽鋼曲型抹刀將蛋糕體麵糊鋪至距離邊緣 1 公分處。

放入烤箱烤 12 分鐘。

將蛋糕體切成 1 塊 24×25 公分的長方形和 1 塊 24×8 公分的長方形。

2. 製作藍莓果漬

準備桑葚和藍莓。

放入平底深鍋。以小火加熱至 40℃。

加入混合的糖和果膠。煮沸。

在冷凍幾分鐘的盤子上擺上少許果漬，確認膠化程度。

準備時間：5 小時
烘焙時間：10 至 12 分鐘
靜置時間：至少 1 個晚上
10 人份

材料

1. 薩赫蛋糕體
雞蛋 3 顆
杏仁膏 80 克
糖粉 30 克
奶油 25 克
砂糖 30 克
T45 麵粉 25 克
苦甜可可粉 25 克

2. 巧克力沙巴雍慕斯
全脂液狀鮮奶油 200 克
可可含量 60 ～ 70% 的黑巧克力
　135 克
砂糖 55 克
水 2 大匙
雞蛋 1 顆
蛋黃 2 顆

3. 軟甘那許
可可含量 70% 的黑巧克力 250 克
全脂液狀鮮奶油 300 克
軟奶油 60 克

4. 蘭姆糖漿
砂糖 80 克
水 100 毫升
蘭姆酒 40 毫升

5. 黑色軟鏡面
全脂液狀鮮奶油 150 毫升
（法芙娜）加勒比巧克力 200 克
無色無味鏡面果膠（NAPPAGE
　NEUTRE）400 克

6. 最後修飾
巧克力球

用具
24 公分的木柴蛋糕模 1 個
料理溫度計 1 支
抹刀 1 把
玻璃紙
略大於木柴蛋糕的紙板 1 張

巧克力球

黑色軟鏡面
可提前 1 至 2 周製作，
冷藏保存。

巧克力沙巴雍慕斯
組裝當天製作。

軟甘那許
組裝當天製作。

薩赫蛋糕體
前一天製作，冷藏保存。

組裝

兩種作法可選擇：

1. 前一天，製作薩赫蛋糕體、鏡面和甘那許。當天製作慕斯，進行組裝，冷凍至少 3
小時，為冷凍的蛋糕淋上鏡面，接著進行裝飾。冷藏至品嚐前取出。

2. 提前組裝木柴蛋糕並冷凍。在這種情況下，請將冷凍至硬化但尚未淋上鏡面的木柴
蛋糕仔細包好。將未解凍的木柴蛋糕淋上鏡面。在品嚐當天進行裝飾。

記得在木柴蛋糕下方擺上長方形紙板。

1. 製作薩赫蛋糕體

烤箱預熱至 200℃。

將 2 顆蛋的蛋白與蛋黃分開。

在電動攪拌機中攪拌杏仁膏和糖粉。一次一顆地加入 2 顆蛋黃，接著是 1 顆全蛋。用電動攪拌機攪打 5 分鐘，直到混料泛白。

將奶油加熱至融化。

逐次逐量加入砂糖，將蛋白打成泡沫狀。將 1/3 的蛋白混入以杏仁為基底的混料中。接著加入過篩的麵粉和可可粉、剩餘的蛋白，以及冷卻的融化奶油。輕輕混合。

將麵糊倒在 30×20 公分的烤盤紙上。烤箱降溫至 180℃，將麵糊放入烤箱，烤 10 至 12 分鐘。

2. 製作巧克力沙巴雍慕斯

將極冰涼的液狀鮮奶油倒入至少冷凍冰鎮 30 分鐘的沙拉攪拌盆中。用打蛋器規律地攪打鮮奶油，一開始輕輕攪打，之後越來越快。攪打至鮮奶油可停留在打蛋器的鋼絲上且體積增加為兩倍時停止。冷藏保存。

用刀將巧克力切碎，或用電動攪拌機打碎。

隔水加熱至融化成微溫的平滑質地。

取平底深鍋，將砂糖和水煮沸。

在沙拉攪拌盆中攪打蛋和蛋黃。倒入煮沸的糖漿，用電動攪拌機攪打成輕盈的乳霜狀慕斯。

加入融化的熱巧克力，接著再加入冷的打發鮮奶油。將慕斯拌勻。冷藏保存。

3. 製作軟甘那許

用刀將巧克力切碎或用電動攪拌機打碎。

將液狀鮮奶油煮沸。分 2 次倒入切碎的巧克力中，每次倒入都要拌勻，接著混入奶油。在常溫下凝固 30 分鐘。

4. 製作蘭姆糖漿

用熱水溶解砂糖。放涼後加入蘭姆酒。

5. 製作黑色軟鏡面

在平底深鍋中，將鮮奶油煮沸。逐次逐量加入切碎的巧克力。用橡皮刮刀拌勻。

將鏡面果膠加熱至 70℃，加入巧克力。

用手持式電動攪拌棒攪打，注意不要產生氣泡。

6. 進行木柴蛋糕的組裝與最後修飾

將蛋糕體切成 2 條 6×25 公分的長條。第 1 條蛋糕體刷上一半的糖漿。讓糖漿完全浸透蛋糕體。鋪上 250 克的甘那許。

蓋上另一條蛋糕體，刷上蘭姆糖漿。再蓋上少許甘那許，接著將蛋糕體冷藏。

30 分鐘後，將蛋糕體倒扣，在表面加上甘那許，抹平後冷凍。

將蛋糕從冷凍庫中取出，切半，形成相連的三角形。

木柴蛋糕模內鋪上保鮮膜、玻璃紙或塑膠紙，或簡單的烤盤紙。

在鋪有膜紙的模型內壁鋪上 2 公分厚的巧克力沙巴雍慕斯。

蓋上鋪有甘那許的蛋糕體。

最後鋪上巧克力沙巴雍慕斯，抹至均勻平滑。

冷凍保存至少一個晚上。脫模並將木柴蛋糕擺在盤上，淋上黑色鏡面。接著將木柴蛋糕擺紙板上，以免撞擊！

在紙板中央擺上少許甘那許，可避免蛋糕滑動。

最後用巧克力球進行裝飾。

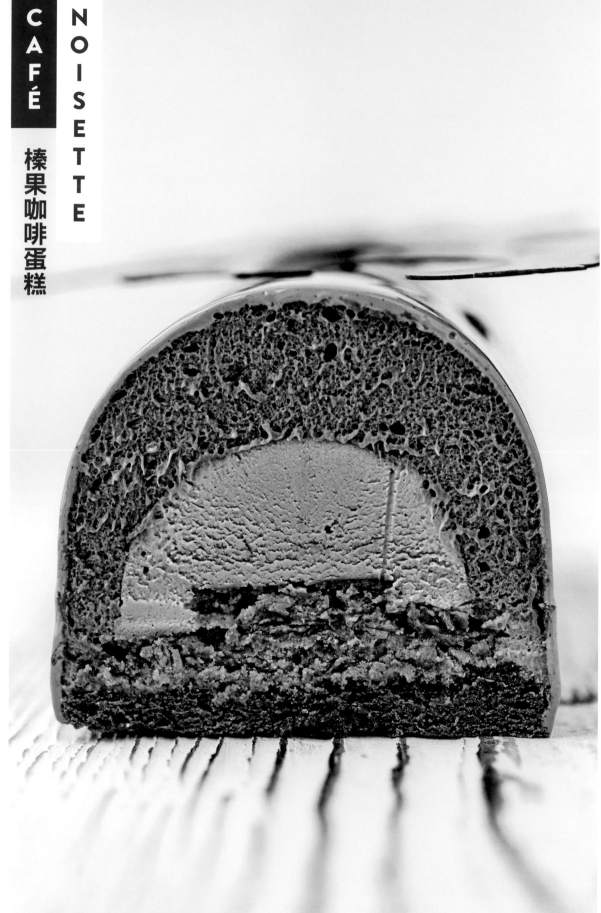

CAFÉ NOISETTE
榛果咖啡蛋糕

準備時間：5 小時
烘焙時間：10 至 12 分鐘
靜置時間：至少 1 個晚上
10 人份

材料

1. 咖啡浸泡奶油醬
咖啡豆 45 克
液狀鮮奶油 225 克

2. 薩赫蛋糕體
雞蛋 3 顆
呂貝克（LUBECA）50% 杏仁膏 80 克
糖粉 30 克
奶油 25 克
砂糖 30 克
T45 麵粉 25 克
苦甜可可粉 15 克
黑巧克力 10 克

3. 卡布奇諾奶油醬
吉利丁 3 克
全脂液狀鮮奶油 75 克
即溶咖啡 3 克
轉化糖漿（TRIMOLINE）5 克
葡萄糖 10 克
（法芙娜）吉瓦納巧克力 115 克
可可脂 10 克

4. 千層帕林內
（法芙娜）白巧克力 20 克
榛果帕林內 100 克
千層酥 20 克
碎焦糖杏仁糖（NOUGATINE 或
　脆餅乾 CRAQUELIN）20 克
咖啡粉 1 克

5. 巧克力慕斯
全脂液狀鮮奶油 200 毫升
可可脂含量 60～70% 的黑巧克力
　135 克
砂糖 55 克
水 2 大匙
雞蛋 1 顆
蛋黃 2 顆

6. 白巧克力鏡面
吉利丁 10 克
水 80 毫升
砂糖 150 克
葡萄糖 150 克
甜煉乳 100 克
可可脂含量 40% 的調溫牛奶巧克力
　75 克
白巧克力 75 克
二氧化鈦白色食用色粉 1 克
棕色食用色素

7. 咖啡糖漿
砂糖 25 克
水 25 毫升
義式濃縮咖啡 50 克
即溶咖啡粉 2 克

8. 裝飾
見 30～33 頁步驟說明

用具

24 公分的木柴蛋糕模 1 個
小型定型模 1 個
網篩 1 個
抹刀 1 把
玻璃紙 1 張
擺放木柴蛋糕的紙板 1 張

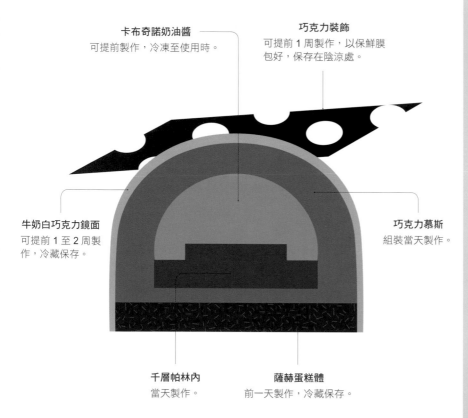

卡布奇諾奶油醬
可提前製作，冷凍至使用時。

巧克力裝飾
可提前 1 周製作，以保鮮膜
包好，保存在陰涼處。

牛奶白巧克力鏡面
可提前 1 至 2 周製
作，冷藏保存。

巧克力慕斯
組裝當天製作。

千層帕林內
當天製作。

薩赫蛋糕體
前一天製作，冷藏保存。

組裝

兩種作法可選擇：

1. 品嚐前一天或提前 2 天，製作薩赫蛋糕體、卡布奇諾奶油醬基底、鏡面和千層帕
林內。當天製作巧克力慕斯，進行組裝，冷凍至少 3 小時。為冷凍蛋糕淋上鏡面，
接著進行裝飾。冷藏保存至品嚐前取出。

2 可提前組裝木柴蛋糕並冷凍：注意，將木柴蛋糕凍至硬化後再仔細包好。品嚐當天
為（尚未解凍的）蛋糕淋上鏡面，再進行裝飾。

記得在木柴蛋糕下方擺上長方形紙板。

1. 製作咖啡浸泡奶油醬

烤箱預熱至150℃。咖啡豆放入烤箱烘焙15分鐘。放涼後倒入液狀鮮奶油。蓋上保鮮膜，冷藏保存一整晚後過濾。

2. 製作薩赫蛋糕體

烤箱預熱至200℃。

將2顆蛋的蛋白和蛋黃分開。

用電動攪拌機混合杏仁膏和糖粉。

一次一顆地加入2顆蛋黃，再加入1顆全蛋。用電動攪拌機攪打5分鐘，直到混料泛白。

將奶油加熱至融化。

逐次逐量加入砂糖，將蛋白打成泡沫狀。將1/3的蛋白混入以杏仁為基底的混料中。接著加入過篩的麵粉和可可粉、剩餘的蛋白，接著是冷卻的融化奶油和融化的巧克力。輕輕混合。

將麵糊倒在30×20公分的烤盤紙上。將烤箱降溫至180℃，放入麵糊，烤10至12分鐘。

3. 製作卡布奇諾奶油醬

將吉利丁浸泡在極冰涼的冷水中。

加熱75克的鮮奶油、即溶咖啡、轉化糖漿和葡萄糖10克，加入擰乾的吉利丁。

逐次逐量倒入融化的吉瓦納巧克力和可可脂中，製成非常平滑的甘那許。

立即混入冷的咖啡浸泡奶油醬，以手持式電動攪拌棒攪打幾秒。

倒入小型定型模中塑形，放入冰箱冷凍。

4. 製作千層帕林內

巧克力隔水加熱至融化，當混料變得平滑，加入剩餘的材料。

平鋪在2張烤盤紙之間，厚度為4～5公釐。

冷凍備用。

5. 製作巧克力慕斯

將極冰涼的液狀鮮奶油倒入至少冷凍冰鎮30分鐘的沙拉攪拌盆中。用打蛋器規律地攪打鮮奶油，一開始輕輕攪打，之後越來越快。攪打至鮮奶油

可停留在打蛋器的鋼絲上且體積增加為兩倍時停止。冷藏保存。

用刀將巧克力切碎，或用電動攪拌機打碎。

隔水加熱至融化並形成平滑微溫的質地。

取平底深鍋，將砂糖和水煮沸。

在沙拉攪拌盆中攪打雞蛋和蛋黃。倒入煮沸的糖漿，用電動攪拌機攪打成輕盈的乳霜狀慕斯。

加入融化的熱巧克力，再加進冷的打發鮮奶油。將慕斯拌勻。常溫保存下，直到取出組裝。

6. 製作白巧克力鏡面

將吉利丁浸泡在冰涼的冷水中。

將切碎的巧克力隔水加熱至融化。

取平底深鍋，將水、糖和葡萄糖煮沸1分鐘。

加入甜煉乳，攪拌。混入擰乾的吉利丁。

分3次倒入半融的巧克力中。

加入白色食用色粉和棕色食用色素，用手持式電動攪拌棒攪打20秒。

預留備用。

7. 製作咖啡糖漿

將糖漿的所有材料稍微加熱，拌勻，讓糖溶解。用網篩過濾所有材料。

8. 進行木柴蛋糕的組裝與裝飾

木柴蛋糕模內鋪上保鮮膜、玻璃紙或塑膠紙，或最簡單的烤盤紙。

在鋪有膜紙的模型內壁鋪上5公分厚的巧克力慕斯。將冷凍的卡布奇諾奶油醬壓入巧克力慕斯中。

再鋪上少許巧克力慕斯，在中央擺上千層帕林內，擺上長方形的薩赫蛋糕體，冷凍至最後修飾前。

為木柴蛋糕淋上染色的白巧克力鏡面，冷藏靜置一會兒，接著擺上巧克力裝飾。

接著將木柴蛋糕擺在略大於蛋糕底部的紙板上，以免受到撞擊！紙板中央擺上少許鏡面，可避免蛋糕滑動。

巧克波紋蛋糕
CHOCO RAYÉ

準備時間：4 小時
烘焙時間：30 分鐘
靜置時間：1 個晚上
10 人份

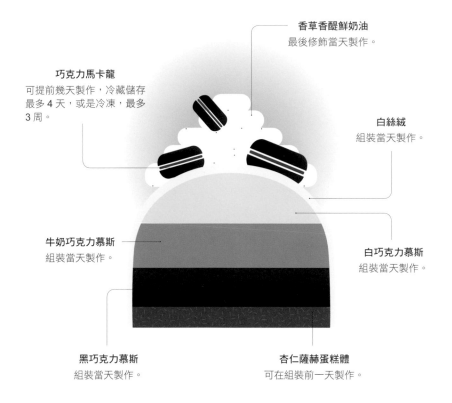

巧克力馬卡龍
可提前幾天製作，冷藏儲存最多 4 天，或是冷凍，最多 3 周。

香草香醍鮮奶油
最後修飾當天製作。

白絲絨
組裝當天製作。

牛奶巧克力慕斯
組裝當天製作。

白巧克力慕斯
組裝當天製作。

黑巧克力慕斯
組裝當天製作。

杏仁薩赫蛋糕體
可在組裝前一天製作。

材料

1. 杏仁薩赫蛋糕體
雞蛋 3 顆
杏仁膏 80 克
糖粉 30 克
奶油 25 克
砂糖 30 克
麵粉 25 克
苦甜可可粉 25 克

2. 香草可可糖漿
水 80 毫升
砂糖 35 克
香草莢 1/2 根
苦甜可可粉 5 克

3. 炸彈麵糊
砂糖 70 克
水 40 毫升
蛋黃 70 克

4. 黑巧克力慕斯
（法芙娜）加勒比調溫巧克力 60 克
（法芙娜）可可脂 12 克
發泡打發鮮奶油 155 克
炸彈麵糊 50 克

5. 牛奶巧克力慕斯
吉利丁 1 克
（法芙娜）吉瓦納調溫巧克力 75 克
發泡打發鮮奶油 120 克
炸彈麵糊 50 克

6. 白巧克力慕斯
吉利丁 1 克
（法芙娜）調溫白巧克力 70 克
（法芙娜）可可脂 12 克
發泡打發鮮奶油 120 克
炸彈麵糊 50 克

7. 香草香醍鮮奶油
全脂液狀鮮奶油 200 克
砂糖 15 克
波旁香草莢 1/2 根

8. 最後修飾
可可脂噴霧（BEURRE DE CACAO EN BOMBE）
巧克力馬卡龍幾顆

用具
24 公分的木柴蛋糕模 1 個
曲型抹刀 1 把
料理溫度計 1 支
不鏽鋼曲型刮刀 1 把
金色長方形紙板 1 張
聖多諾黑花嘴的擠花袋 1 個

組裝

三種作法可選擇：

1. 前一天，準備好所有材料，確保一切就緒。當天，製作各種慕斯。進行組裝和裝飾。

2. 為組裝日提前準備好所有材料。木柴蛋糕組裝完成後，請冷凍保存至品嚐日。組裝當日，用香草香醍鮮奶油裝飾蛋糕，並用馬卡龍進行最後修飾。
記得在木柴蛋糕下方擺上長方形紙板。

3. 亦可將已裝飾好的木柴蛋糕冷凍保存至品嚐日（約 1 星期）。在這種情況下，請放入紙盒或隔熱盒中冷凍，以免損壞。

冷藏幾小時後再品嚐。

1. 製作杏仁薩赫蛋糕體

烤箱預熱至 200℃。

打 2 顆蛋，將蛋白和蛋黃分開。

用電動攪拌機混合杏仁膏和糖粉。

加入 2 顆蛋黃，一次一顆，再加入 1 顆全蛋。用電動攪拌機攪打 5 分鐘，直到混料泛白。

將奶油微波（或以小火）加熱至融化。

蛋白中逐次逐量加入砂糖，打成泡沫狀。在以杏仁膏為基底的混料中混入 1/3 的蛋白。接著混入過篩的麵粉和可可粉、剩餘的蛋白，再加進冷卻的融化奶油。輕輕混合。

將麵糊倒在 30×20 公分的烤盤紙上。用曲型抹刀鋪開。將烤箱降溫至 180℃，麵糊放入烤箱，烤 10 至 12 分鐘。

取出後，置於網架上放涼。

2. 製作香草可可糖漿

水、糖和剖半並去籽的香草莢放入鍋中煮沸。加入可可粉並攪打，接著放涼後再過濾。冷藏保存。

3. 製作炸彈麵糊

取平底深鍋，大火將糖和水煮至 120℃，接著將熱糖漿倒入預先打散的蛋黃中。用手持式電動攪拌棒將所有材料攪打至完全冷卻，並分成重 50 克的 3 份混料。

4. 製作黑巧克力慕斯

將調溫巧克力和可可脂隔水加熱至 55 至 60℃，讓巧克力和可可脂融化。

這時在炸彈麵糊中混入 1/4 的發泡打發鮮奶油，接著混入先前融化的混料。用橡皮刮刀攪拌成均勻的備料，接著分 2 次加入剩餘的鮮奶油。常溫保存。

5. 製作牛奶巧克力慕斯

吉利丁放入冰涼的冷水中泡軟。

將調溫巧克力隔水加熱至 48℃，讓巧克力融化。

在炸彈麵糊中混入 1/4 的發泡打發鮮奶油，接著混入融化的巧克力。混料

一拌勻，加入擰乾的吉利丁，接著分 2 次加入剩餘的鮮奶油。預留備用。

6. 製作白巧克力慕斯

吉利丁放進冰涼的冷水中泡軟。

將調溫巧克力和可可脂隔水加熱至 48℃，讓巧克力和可可脂融化。

在炸彈麵糊中混入 1/4 的發泡打發鮮奶油，接著混入融化的巧克力和可可脂，混入擰乾且融化的吉利丁。混料一拌勻，分 2 次加入剩餘的鮮奶油。預留備用。

7. 製作香草香醍鮮奶油

你也能使用 136 頁「轉啊轉小花生」木柴蛋糕的香草甘那許。

在平底深鍋中加熱 1/4 的液狀鮮奶油、糖和剖半並去籽的香草莢。全部倒進剩餘的冷鮮奶油中；冷藏浸泡一整晚，蓋上保鮮膜。

最後修飾時，在裝有冰涼打蛋器的電動攪拌機中，將鮮奶油打至硬性發泡。

8. 進行組裝與修飾

將蛋糕體裁成木柴蛋糕模型底部的大小。

定型模內鋪上白巧克力慕斯。放入冰箱冷凍 10 分鐘。

接著鋪上牛奶巧克力慕斯，再度冷凍，讓層次分明且均勻。

最後鋪上黑巧克力慕斯。擺上蛋糕體，刷上香草可可糖漿。

最好冷凍凝固一整晚，接著脫模。

在此階段，你可為蛋糕表面噴上混有 50% 白巧克力的可可脂噴霧，但此步驟並非必要，亦可購買現成的噴霧（PCB®，見附錄的店址清單）。

將木柴蛋糕擺在金色的長方形紙板上。

為了裝飾，請用裝有聖多諾黑花嘴的擠花袋，在尚未解凍的木柴蛋糕表面擠上勻稱的波浪狀香醍鮮奶油，最後再用馬卡龍完成最後修飾。

紅與黑 ROUGE NOIR

準備時間：5 小時
烘焙時間：10 至 12 分鐘
靜置時間：1 個晚上
10 人份

材料

1. 巧克力海綿蛋糕
砂糖 35 克
杏仁膏 20 克
金合歡花蜜 10 克
蛋黃 60 克
熱水 15 克
可可脂含量 60~65% 的巧克力 20 克
蛋白 90 克
砂糖 35 克
T45 麵粉 95 克
苦甜可可粉 15 克

2. 覆盆子鑲層
吉利丁 6 克
過篩的覆盆子果肉 300 克
砂糖 50 克

3. 香草糖漿
水 150 毫升
砂糖 75 克
香草莢 1 根

4. 炸彈麵糊
砂糖 80 克
水 50 毫升
蛋黃 80 克

5. 黑巧克力慕斯
（法芙娜）特級苦甜調溫巧克力 100 克
（法芙娜）可可膏* 25 克
發泡打發鮮奶油 250 克
炸彈麵糊 75 克

6. 牛奶巧克力慕斯
吉利丁 2 克
（法芙娜）苦甜牛奶調溫巧克力 125 克
發泡打發鮮奶油 200 克
炸彈麵糊 75 克

7. 透明鏡面
吉利丁片 10 克
礦泉水 150 毫升
砂糖 200 克
柳橙皮 1/4 顆份量
檸檬皮 1/4 顆份量
香草莢 1/2 根

8. 最後修飾
蛋白霜玫瑰花飾
金箔

用具
24 公分的木柴蛋糕模 1 個
料理溫度計 1 支
曲型抹刀 1 把
玻璃紙
12 公釐花嘴的擠花袋 1 個
略大於木柴蛋糕的紙板 1 張

---

* PÂTE DE CACAO，又稱可
  可膏、可可漿或可可泥，是
  可可豆最初的加工製成品，
  即 100% 的純巧克力。

蛋白霜玫瑰花飾
可提前幾天製作。

透明鏡面
可前一天製作或提前幾
天製作，冷藏保存。

覆盆子鑲層
可提前幾天製作。

牛奶巧克力慕斯
組裝當天製作。

黑巧克力慕斯
組裝當天製作。

巧克力海綿蛋糕
前一天製作，冷藏保存。

組裝

兩種作法可選擇：

1. 前一天，準備好所有材料，確保一切就緒。當天製作巧克力慕斯。進行組裝和最後
   裝飾。

2. 為組裝日提前準備好所有材料。木柴蛋糕組裝完成後，請冷凍保存至品嚐日。組裝
   當天，為蛋糕淋上透明鏡面並進行裝飾。

記得在木柴蛋糕下方擺上長方形紙板。

1. 製作巧克力海綿蛋糕

烤箱預熱至 180℃。

在裝有打蛋攪拌頭的電動攪拌機中，放入糖、杏仁膏和蜂蜜。混入 1/4 的蛋黃，攪打至乳化。混料一泛白，就混入剩餘的蛋黃，繼續攪打混料 10 分鐘。加入熱水，繼續以中速攪打 5 分鐘。

同時將巧克力隔水加熱至 55℃，讓巧克力融化。

融化的巧克力倒入先前的備料中，繼續以中速攪打 5 分鐘。

將蛋白和糖打發，讓蛋白保持柔軟均勻。

將先前的備料輕輕混入打發蛋白中，最後加入過篩的麵粉和可可粉。

在鋪有烤盤紙的 40×30 公分烤盤上，用曲型抹刀鋪上 12 公釐厚的蛋糕體麵糊。

放入烤箱烤 10 至 12 分鐘。

切成 17×24 公分的長方形和 6×24 公分的條狀。

2. 製作覆盆子鑲層

將吉利丁浸泡在冰涼的冷水中。

將 24×17 公分的玻璃紙鋪在烤盤上。整個放入冰箱冷凍。

取平底深鍋，以小火加熱 1/4 的水果果肉和糖。

離火後混入擰乾的吉利丁和剩餘的果肉。

倒在玻璃紙上，形成 3 公釐的厚度，接著擺上 17×24 公分的蛋糕體。

冷凍至硬化。

3. 製作香草糖漿

將水、糖和剖半並去籽的香草莢放入鍋中煮沸。

蓋上保鮮膜，接著放至完全冷卻後再過濾。

4. 製作炸彈麵糊

取平底深鍋，以小火將糖和水煮至 120℃，接著將熱糖漿倒入預先打散的蛋黃中。

用手持式電動攪拌棒攪打至完全冷卻，分成 2 份重 75 克的麵糊。

5. 製作黑巧克力慕斯

將調溫巧克力和可可膏隔水加熱至 55～60℃，讓巧克力和可可膏融化。

在炸彈麵糊中混入 1/4 的發泡打發鮮奶油，再加入先前融化的混料。

用橡皮刮刀攪拌成均勻的備料，接著分 2 次加入剩餘的鮮奶油。常溫保存。

6. 製作牛奶巧克力慕斯

將吉利丁浸泡在冰涼的冷水中。

調溫巧克力加熱至 48℃，讓巧克力融化。將擰乾的吉利丁和 1/4 的泡沫打發鮮奶油混入炸彈麵糊，接著混入融化的巧克力。將混料拌勻後，分 2 次加入剩餘的鮮奶油。預留備用。

7. 製作透明鏡面

將吉利丁浸泡在半公升的冰涼冷水中。

在平底深鍋中倒入 150 毫升的水、砂糖和柑橘水果皮。加入剖半並去籽的香草莢，煮沸，接著關火。接著加入瀝乾的吉利丁片。用打蛋器輕輕混合攪拌。用細孔濾網過濾所有材料。

冷藏保存至使用前取出。

8. 進行組裝

將蛋糕體連同覆盆子果肉和玻璃紙一起擺入模型中。

刷上極少量的香草糖漿。

用裝有 12 公釐擠花嘴的擠花袋擠上黑巧克力慕斯。

最後鋪上牛奶巧克力慕斯，抹至均勻平滑，接著擺上最後的蛋糕體。刷上少量糖漿。

冷凍保存至少一個晚上。

將木柴蛋糕脫模，輕輕移除玻璃紙。

淋上透明鏡面。

將木柴蛋糕擺在金色紙板上。

協調地擺上蛋白霜玫瑰花飾和金箔來裝飾蛋糕。

創
新

CRÉATION

RONDIN

ÉPICÉA

雲杉原木蛋糕

雲杉原木蛋糕
RONDIN ÉPICÉA

準備時間：5 小時
烘焙時間：20 分鐘
靜置時間：至少 1 個晚上
8 人份

牛奶巧克力沙巴雍慕斯
組裝當天製作。

霧面
提前幾天製作混料，
使用時加熱。

白巧克力甘那許

帕林內酥
當天製作。

榛果蛋糕體
前一天製作，冷藏保存。

黑松露香草打發奶油醬
組裝當天製作。

材料

1. 黑松露香草打發奶油
吉利丁 3 克
全脂牛乳 100 毫升
葡萄糖 5 克
香草莢 1 根
（法芙娜）白巧克力 120 克
全脂液狀鮮奶油 210 克
切成極薄的松露片幾片

2. 白巧克力甘那許
（法芙娜）調溫白巧克力 150 克
全脂液狀鮮奶油 100 克
香草精 1 克

3. 榛果蛋糕體
蛋白 115 克
砂糖 40 克
烘焙榛果粉 100 克
糖粉 115 克

4. 帕林內酥
榛果帕林內 25 克
榛果醬 25 克
千層酥 25 克
跳跳糖（sucre pétillant）20 克
融化奶油 5 克
（法芙娜）吉瓦納（JIVARA）牛奶
　巧克力 15 克

5. 牛奶巧克力沙巴雍慕斯
吉利丁 2 克
30℃糖漿（25 克的砂糖和 20 克的
　水）45 克
蛋黃 55 克
（法芙娜）吉瓦納牛奶巧克力 125 克
打發鮮奶油 250 克

6. 最後修飾
白霧面
可可脂 100 克
（法芙娜）白巧克力 100 克
黑霧面
可可脂 100 克
（法芙娜）瓜納拉（GUANAJA）
　巧克力 100 克
蛋白霜蘑菇
巧克力松露

用具
直徑 20 公分的模型 1 個
15 公釐圓口花嘴的擠花袋 1 個
Wagner 蛋糕巧克力噴槍 1 枝

組裝

兩種作法可選擇：

1. 品嚐前一天或提前 2 天製作蛋糕體和帕林內酥。當天，製作奶油醬、慕斯及霧面。
   進行組裝，冷凍至少 3 小時。為冷凍的蛋糕噴上霧面，進行裝飾。冷藏至品嚐前取
   出。

2. 可提前組裝原木蛋糕並冷凍。在這種情況下，請將原木蛋糕保存在模型中並仔細包
   好。將原木蛋糕冷凍至硬化。品嚐當天進行裝飾。

記得在蛋糕下方擺上圓形紙板。

1.（前一天）製作黑松露香草打發奶油

將吉利丁浸泡在冰涼的冷水中。

取平底深鍋，以中火加熱牛乳、葡萄糖、香草，接著加入擰乾的吉利丁，倒入白巧克力，拌勻。

冷卻後，加入液狀鮮奶油。冷藏一整晚，讓奶油醬冷卻。

使用之前，加入松露，將奶油醬打發。注意，請輕輕攪拌，以免將奶油醬打至過硬！

2. 製作白巧克力甘那許

將調溫白巧克力切碎。

取平底深鍋，以中火將鮮奶油煮沸，加入香草，分幾次將鮮奶油淋在切碎的巧克力上。

放涼幾個小時。

3. 製作榛果蛋糕體

烤箱預熱至 180℃。

在電動攪拌機的攪拌缸中，用砂糖將蛋白逐步打發。接著輕輕混入榛果和糖粉的混料。

用裝有直徑 15 公釐圓口花嘴的擠花袋，擠出直徑 16 公分的圓形蛋糕體麵糊（將剩餘的蛋糕體麵糊冷凍）。

放入烤箱烤約 20 分鐘。

置於在網架上放涼。

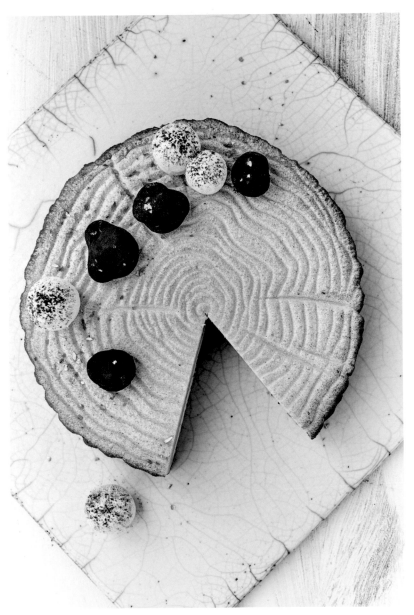

4. 製作帕林內酥

混合帕林內、榛果醬、千層酥和跳跳糖。加入融化的奶油和牛奶巧克力。接著倒在 2 張烤盤紙上，均勻鋪平。冷藏。

5. 製作牛奶巧克力沙巴雍慕斯

將吉利丁泡在冰涼的冷水中。在蛋黃中倒入熱糖漿，隔水加熱，一邊快速攪打。加入擰乾的吉利丁，攪打至混料泛白。

冷卻後，加入融化的巧克力和打發鮮奶油。

6. 進行組裝與最後修飾

將白巧克力甘那許倒入模型，在底部形成薄薄一層，放入冰箱冷凍 30 分鐘。

加上薄薄一層香草打發奶油，再加進薄薄一層牛奶巧克力沙巴雍慕斯。蓋上厚厚一層香草打發奶油。

加上帕林內酥，接著是榛果蛋糕體。

冷凍，脫模。

將可可脂和調溫白巧克力一起加熱至融化。

先噴上白色霧面，接著疊上薄薄一層黑色霧面。最後用蛋白霜蘑菇和巧克力松露進行裝飾。

紅寶石蛋糕 ROUGE RUBIS

準備時間：4 小時
烘焙時間：30 分鐘
靜置時間：1 個晚上
10 人份

紅色鏡面
可提前 1 周製作，
冷藏保存。

巧克力圓片
可提前 1 周製作，以 12℃保存。

糖漬覆盆子酸櫻桃
可提前 1 周製作，
冷凍保存。

鹽之花酥餅
可提前 1 周製作，將生麵糊
冷凍，組裝時再烘烤。

開心果軟蛋糕體
前一天製作，冷藏保存。

高脂檸檬奶油乳酪慕斯
組裝當天製作。

組裝

三種作法可選擇：

1. 前一天，準備好所有材料，確保一切就緒。當天製作奶油乳酪慕斯。進行組裝和裝飾。

2. 為組裝日提前準備好所有材料。當木柴蛋糕組裝完成，請冷凍保存至品嚐日。組裝當天，為蛋糕淋上鏡面並進行裝飾。
   記得在木柴蛋糕下方擺上長方形紙板。

3. 亦可將已裝飾好的木柴蛋糕冷凍保存（約 1 星期）至品嚐日。在這種情況下，請放入紙盒或隔熱盒中冷凍，以免損壞。
   冷藏幾小時後再品嚐。

材料

1. 巧克力圓片
可可脂含量 35% 的白巧克力 300 克
紅色和藍色的食用色素

2. 鹽之花酥餅
無水奶油 30 克
杏仁粉 15 克
烘焙榛果粉 15 克
T55 麵粉 30 克
粗紅糖 30 克
鹽之花 1 撮

3. 開心果軟蛋糕體
杏仁糖粉（TANT POUR TANT
　　AMANDE）125 克
雞蛋 85 克
蛋黃 20 克
開心果醬 20 克
玉米澱粉 12 克
融化的奶油 45 克
蛋白 50 克
砂糖 12 克

4. 糖漬覆盆子酸櫻桃
酸櫻桃（GRIOTTES）200 克
酸櫻桃果肉 100 克
砂糖 30 克
NH 果膠 3 克
覆盆子 60 克

5. 高脂檸檬奶油乳酪慕斯
吉利丁 8 克
菲力奶油乳酪（PHILADELPHIA®）
　　300 克
糖粉 30 克
黃檸檬皮 1 顆份量
青檸檬皮 1 顆份量
砂糖 80 克
水 30 毫升
蛋黃 50 克
打發鮮奶油 110 克

6. 紅色鏡面
吉利丁 7 克
水 50 毫升
砂糖 100 克
葡萄糖 100 克
脂溶性紅色食用色素（參見附錄的
　　店址清單：PCB®）1 克
煉乳 65 克
白巧克力 100 克

用具
長 24 公分的木柴蛋糕模 1 個
料理溫度計 1 支
抹刀 1 把
巧克力造型專用玻璃紙（FEUILLE
　　GUITARE）
壓模 1 個
長 24 公分的長方形蛋糕模或定型模
　　1 個
玻璃紙

1. 製作巧克力圓片

巧克力放入容器中弄碎成小塊。

巧克力隔水加熱至融化。攪拌成平滑的質地，溫度達 50℃。

將 3/4 的融化巧克力倒在大理石板或乾燥冰涼的表面上。用刮刀攪拌巧克力，直到降溫至 29～28℃。

倒入另一個溫容器中。逐量加入剩餘 1/4 的熱巧克力。一邊攪拌一邊注意溫度必須維持在 29 至 30℃左右。達此溫度後，勿再倒入熱巧克力。

用溫度計檢查，務必要維持在這個溫度。

可重新加熱巧克力，最好使用微波的方式。

將巧克力染成紅色，將一半的巧克力倒在稱為「巧克力造型專用紙」的塑膠紙上，放上另一張紙，用擀麵棍將巧克力擀至 2 公釐的厚度。用壓模用力按壓，形成圓形的痕跡，並讓形狀硬化。重複同樣的程序，在紅色的巧克力中加入藍色食用色素，將剩餘的巧克力染色，讓巧克力變成紫色。

讓巧克力凝固，接著冷藏保存。

可參考 33 頁的步驟教學。

2. 製作鹽之花酥餅

用電動攪拌機將所有材料磨碎成膏狀。

倒在 2 張巧克力造型專用紙（feuilles guitare）上，均勻鋪成 3 公釐的厚度，接著冷藏保存。

切成寬 8 公分且長 24 公分的條狀。

放入烤箱以 170℃烤約 15 分鐘。

3. 製作開心果軟蛋糕體

用電動攪拌機攪打前 5 項食材，接著加入玉米澱粉、融化的奶油，最後再加入加糖的打發蛋白。

在烤盤紙上將麵糊鋪至 1 公分厚。放入烤箱以 175℃烤 15 分鐘。

取出後，將蛋糕體切成寬 8×24 公分的長條，以及大小同糖漬酸櫻桃的長條，寬 3 公分。

4. 製作糖漬覆盆子酸櫻桃

取平底深鍋，以中火將煮沸所有材料（覆盆子除外），在此之前記得先混合糖和果膠。

倒入鋪有保鮮膜的 24 公分長方形蛋糕模或小型定型模。

將覆盆子加到果漬中。

直接擺在寬 3 公分的軟蛋糕體上，整個放入冰箱冷凍。

5. 製作高脂檸檬奶油乳酪慕斯

將吉利丁浸泡在冰涼的冷水中。

混合菲力奶油乳酪、糖粉和檸檬皮。

製作炸彈麵糊：將砂糖和水煮至 118℃，倒入打發蛋黃中。

混合攪拌。

以小火加熱菲力奶油乳酪等混料，加入擰乾的吉利丁，接著是炸彈麵糊，最後再加入打發鮮奶油。

6. 製作紅色鏡面

將吉利丁浸泡在冰涼的冷水中。

取平底深鍋，將水、糖、葡萄糖和食用色素煮成糖漿。

加入煉乳，接著是擰乾的吉利丁。

糖漿混入巧克力中，溫度須為 85℃，以形成均勻的混料。

7. 進行組裝與擺盤

木柴蛋糕模內鋪上保鮮膜、玻璃紙或塑膠紙，或最簡單的烤盤紙。

在鋪有膜紙的模型內壁鋪上 2 公分厚的奶油乳酪慕斯。

在中央擺上糖漬覆盆子酸櫻桃，接著加上極少量的慕斯。

抹平，擺上軟蛋糕體、少許慕斯，接著是鹽之花酥餅，將木柴蛋糕冷凍一整晚。

脫模，接著淋上微溫的液態紅色鏡面。

放入冰箱冷凍凝固幾分鐘後，再淋上一次鏡面（可只淋一次鏡面，但會不夠穩定）。

最後在木柴蛋糕的外緣擺上染色的巧克力小圓片。

藍莓石灰岩蛋糕

MYRTILLE COQUINE

準備時間：5 小時
烘焙時間：3 小時 30 分鐘
靜置時間：至少 1 個晚上
10 人份

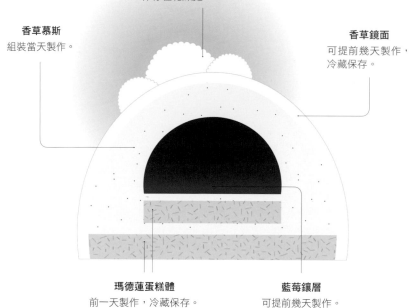

蛋白霜裝飾
可提前幾天製作，以密封罐保存在乾燥處。

香草慕斯
組裝當天製作。

香草鏡面
可提前幾天製作，冷藏保存。

瑪德蓮蛋糕體
前一天製作，冷藏保存。

藍莓鑲層
可提前幾天製作。

組裝

兩種作法可選擇：

1. 前一天，準備好所有材料，確保一切就緒。當天，製作香草慕斯。進行組裝和最後裝飾。

2. 為組裝日提前準備好所有材料。木柴蛋糕組裝完成後，請冷凍保存至品嚐日，以免損壞。組裝當天，為蛋糕淋上鏡面並進行裝飾。

記得在木柴蛋糕下方擺上長方形紙板。

材料

1. 瑪德蓮蛋糕體
奶油 50 克
雞蛋 2 顆
砂糖 120 克
檸檬皮 1 顆份量
全脂鮮乳 25 克
檸檬汁 5 克
初榨橄欖油 75 克
T45 麵粉 125 克
泡打粉 4 克

2. 藍莓鑲層
藍莓 300 克
砂糖 60 克
果膠 4 克

3. 香草慕斯
吉利丁 4 克
蛋黃 30 克
砂糖 30 克
全脂牛乳 100 毫升
高脂鮮奶油 15 克
香草莢 1 根
香草精 5 克
打發鮮奶油 300 克

4. 蛋白霜裝飾
蛋白 50 克
砂糖 50 克
糖粉（或椰子絲）50 克

5. 香草鏡面
吉利丁 8 克
水 55 毫升
砂糖 110 克
葡萄糖 110 克
香草莢 1 根
甜煉乳 75 克
（法芙娜）調溫白巧克力 125 克
二氧化鈦

6. 最後修飾
銀珠

用具

24 公分的木柴蛋糕模 1 個
曲型抹刀 1 把
4 公分的定型模 1 個
料理溫度計 1 支
5 公釐圓口花嘴的擠花袋 1 個
玻璃紙

1. 製作瑪德蓮蛋糕體

烤箱預熱至 170℃。

取平底深鍋，以小火將奶油加熱至融化，接著放涼。

沙拉攪拌盆中倒入蛋和糖，用力攪打 1 分鐘，接著加入檸檬皮。再加入融化奶油並用力攪打。

倒入牛乳、檸檬汁、橄欖油。拌勻，接著輕輕混入預先過篩的麵粉和泡打粉。仔細將混料攪拌至平滑。如果還有結塊的麵粉，再用電動攪拌機攪打麵糊幾秒。

倒入事先刷上奶油並撒上麵粉的 24 公分長方形蛋糕模。放入烤箱烤 30 分鐘。

用刀測試，檢查熟度：當麵糊不沾黏刀身時，表示已烤好。

放涼，切成厚達 1 公分的 2 條蛋糕體：1 條寬 8 公分、1 條寬 4 公分。

2. 製作藍莓鑲層

取平底深鍋，以中火將藍莓和 30 克的糖煮至形成果漬。

混合果膠和 30 克的糖，以少量水稀釋，接著加進果漬中。煮沸 3 至 4 分鐘。

倒入定型模中，製作木柴蛋糕鑲層。冷藏凝固後再冷凍。

3. 製作香草慕斯

將吉利丁浸泡在冰涼的冷水中。

混合蛋黃和砂糖。

取平底深鍋，將牛乳、高脂鮮奶油、香草莢和香草精煮沸，倒入蛋黃和糖的混料中。煮至 82℃。加入擰乾的吉利丁，冰鎮冷卻至 25℃。混入打發鮮奶油。

4. 製作蛋白霜裝飾

在蛋白中逐次逐量加入砂糖，將蛋白打發。接著混入糖粉。

用裝有 5 公釐花嘴的擠花袋在烤盤紙上擠出一條條的蛋白霜，撒上糖粉或椰子絲。

放入烤箱以 90℃烤至完全乾燥，約烤 2 小時。

5. 製作香草鏡面

將吉利丁浸泡在冰涼的冷水中。

取平底深鍋，用水、砂糖、葡萄糖和去籽的香草莢煮成糖漿。加入甜煉乳，接著是擰乾的吉利丁。

糖漿混入巧克力，溫度需為 85℃，並形成均勻的混料。

加入用少許鏡面稀釋的二氧化鈦。以手持式電動攪拌棒攪打，但勿形成氣泡。

6. 進行組裝

木柴蛋糕定型模內鋪上玻璃紙。

再鋪上香草慕斯至一半的高度，中央放上冷凍藍莓鑲層，鋪上薄薄一層香草慕斯，擺上一小條瑪德蓮蛋糕體，再鋪上慕斯，最後擺上大條的瑪德蓮蛋糕體。

放入冰箱冷凍。

脫模後將玻璃紙移除，為尚未解凍的木柴蛋糕淋上白色鏡面。

以蛋白霜條裝飾，再加上幾顆銀珠。

伊甸園 JARDIN D'ÉDEN

準備時間：5 小時
烘焙時間：35 分鐘
靜置時間：至少 1 個晚上
10 人份

材料

1. 焦糖奶油霜
吉利丁 2 克
全脂液狀鮮奶油 180 克
香草莢 1/2 根
砂糖 45 克
蛋黃 45 克

2. 杏仁海綿蛋糕體
雞蛋 85 克
杏仁粉 50 克
糖粉 50 克
蛋白 70 克
砂糖 20 克
T45 麵粉 35 克
奶油 15 克

3. 焦糖指形蛋糕體
砂糖 75 克
溫水 35 毫升
蛋白 80 克
蛋黃 50 克
T45 麵粉 70 克

4. 傳統軟蛋糕體
奶油 40 克
杏仁膏 15 克
蛋黃 2 顆
砂糖 90 克（60 克＋ 30 克）
雞蛋 1 顆
溫水 10 毫升
蛋白 60 克
T45 麵粉 65 克＋模型用麵粉少許
泡打粉 1 克
苦甜可可粉 5 克
榛果粉 20 克
榛果帕林內 20 克

5. 洋梨鑲層
威廉（WILLIAMS）梨 300 克
砂糖 50 克
果膠 4 克

6. 香草巴伐利亞奶油
吉利丁 4 克
全脂牛乳 55 毫升
香草莢 1/2 根
蛋黃 50 克
砂糖 50 克
打發鮮奶油 200 克
威廉白梨白蘭地（EAU-DE-VIE DE POIRE WILLIAMS）10 毫升

7. 洋梨糖漿
水 70 毫升
糖 50 克
香草精 1/2 小匙
白梨白蘭地 20 毫升

8. 香醍鮮奶油
優質全脂液狀鮮奶油 250 克
砂糖 20 克
磨碎的香草莢 1/4 根
香草精 1 小匙

9. 最後修飾
蛋白霜幾顆（見 34 頁）

用具
24 公分的木柴蛋糕模 1 個
寬 4 公分的定型模 1 個
料理溫度計 1 支
曲型抹刀 1 把
鐵氟龍不沾烤盤布 1 張
玻璃紙 1 張
平口花嘴（DOUILLE PLATE）的擠花袋 1 個
聖多諾黑花嘴的擠花袋 1 個

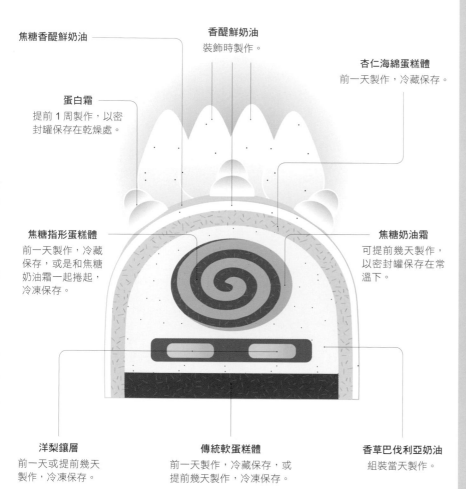

焦糖香醍鮮奶油

香醍鮮奶油
裝飾時製作。

杏仁海綿蛋糕體
前一天製作，冷藏保存。

蛋白霜
提前 1 周製作，以密封罐保存在乾燥處。

焦糖指形蛋糕體
前一天製作，冷藏保存，或是和焦糖奶油霜一起捲起，冷凍保存。

焦糖奶油霜
可提前幾天製作，以密封罐保存在常溫下。

洋梨鑲層
前一天或提前幾天製作，冷凍保存。

傳統軟蛋糕體
前一天製作，冷藏保存，或提前幾天製作，冷凍保存。

香草巴伐利亞奶油
組裝當天製作。

組裝

兩種作法可選擇：

1. 品嚐前一天，製作蛋糕體、洋梨片和焦糖卷。當天，製作香草巴伐利亞奶油，進行組裝與裝飾。

2. 可提前組裝木柴蛋糕並冷凍：注意，必須先將木柴蛋糕凍至硬化，再將未裝飾的蛋糕仔細包好。品嚐當天進行裝飾，待木柴蛋糕充分解凍後再進行。用香醍鮮奶油做最後修飾，接著再擺上裝飾。

記得在木柴蛋糕下方擺上長方形紙板。

1. 製作焦糖奶油霜

將吉利丁浸泡在冷水中。

鮮奶油和香草莢放入鍋中煮沸以進行浸泡。

將砂糖倒入厚底平底深鍋，以中火加熱。

當糖融化且呈淺棕色時，分 2 至 3 次加入浸泡奶油醬，快速攪打，再倒入蛋黃，一邊攪打，煮至 80℃（如英式奶油醬）。

加入擰乾的吉利丁並混合攪拌。

將焦糖奶油霜倒入盤中，冷藏保存。

2. 製作杏仁海綿蛋糕體

旋風烤箱預熱至 200℃。

蛋、杏仁粉和糖粉倒入電動攪拌機的攪拌缸中。快速攪打 15 分鐘，將完成的麵糊倒入容器中。

蛋白逐次逐量加入 20 克砂糖，打發成泡沫狀。

將泡沫狀蛋白混入先前的備料中，輕輕混合，接著加入麵粉，再度輕輕攪拌。

將麵糊鋪在烤盤紙（30×40 公分）上。

放入烤箱烤 10 至 12 分鐘（視烤箱而定）。烤好時，置於網架上，放至完全冷卻後再使用。

3. 製作焦糖指形蛋糕體

旋風烤箱預熱至 180℃。

在平底深鍋中乾煮糖，煮至形成焦糖，再倒入溫水。

打發蛋白，且逐次逐量加入焦糖。

蛋白打發時加入蛋黃。

用橡皮刮刀混入麵粉。

在置於烤盤的鐵氟龍不沾烤盤布上，用曲型抹刀將蛋糕體麵糊鋪成 6 公釐的厚度。以旋風式烤箱烤 7 至 8 分鐘。置於網架上放涼。

將蛋糕體連同烤盤布倒扣在另一張烤盤紙上。

4. 製作傳統軟蛋糕體

烤箱預熱至 180℃。

取小型平底深鍋，小火將奶油煮至呈現淺榛果色。預留備用。

用手持式電動攪拌棒攪打軟化的杏仁膏（微波加熱）和蛋黃（逐次逐量倒入）。

接著將混料倒入電動攪拌機的攪拌缸中，加入 60 克的砂糖和雞蛋。以最高速攪打混料。加入溫水。

將蛋白和 30 克的砂糖打發至硬性發泡。

麵粉、泡打粉和可可粉過篩。加入榛果粉。混合硬性發泡的蛋白和打發蛋黃等備料。輕輕攪拌麵粉、泡打粉和可可粉的混料。

在微溫的奶油液中加入少許先前的混料，混入榛果帕林內並攪拌，接著混入剩餘所有的混料。輕輕混合。

擀成 1 公分的厚度。放入烤箱烤 15 分鐘。

5. 製作洋梨鑲層

洋梨去皮後切成大丁。將 30 克的糖煮成焦糖，混合剩餘的糖和果膠。

以大火煮洋梨、焦糖和混入果膠的糖。

檢查稠度，冷卻後必須略為凝固。

倒入鋪有保鮮膜且寬 4 公分的定型模中塑形，冷凍保存至使用前取出。

6. 製作香草巴伐利亞奶油

將吉利丁浸泡在冰涼的冷水中。

取平底深鍋，將牛乳和剖半並去籽的香草莢煮沸。

混合泛白的蛋黃和糖。倒入少量的牛乳，混合攪拌。接著倒入平底深鍋，煮至奶油醬可附著在木匙上，溫度約 82℃。

混入擰乾的吉利丁。放涼後加入打發鮮奶油和威廉白梨白蘭地。

7. 製作洋梨糖漿

在平底深鍋中放入水、糖和香草精。煮沸後加入威廉白梨白蘭地，放涼。

8. 製作香醍鮮奶油

你也能使用 136 頁的「轉啊轉小花生」的香草甘那許。

鮮奶油倒入容器中，擺在裝有冰塊的沙拉攪拌盆中。

將鮮奶油打發。當鮮奶油開始起泡，加入、磨碎的香草莢和香草精。攪打至鮮奶油可穩穩附著於打蛋器鋼絲時停止。冷藏保存。

9. 進行組裝

將焦糖奶油霜鋪在焦糖指形蛋糕體上，將蛋糕體捲起，放入冰箱冷凍 1 小時。

木柴蛋糕模內鋪上保鮮膜、玻璃紙或塑膠紙，或最簡單的烤盤紙。

擺上寬 17 公分、長度同模型的條狀杏仁海綿蛋糕體，刷上少量洋梨糖漿，仔細按壓。

用擠花袋在表面擠上香草巴伐利亞奶油。擺上焦糖指形蛋糕體卷，鋪上香草巴伐利亞奶油並抹至平滑均勻。

擺上冷凍洋梨片，接著加上寬 8 公分、長度同模型的傳統軟蛋糕體，刷上洋梨糖漿。

冷凍保存至少 1 晚，脫模，將木柴蛋糕擺在盤中。蓋上香醍鮮奶油，用一條玻璃紙抹平。將少許剩餘的香醍鮮奶油和少許的焦糖奶油霜混合，用裝有平口花嘴的擠花袋，在木柴蛋糕上擠出 2 條扁平線條。

將木柴蛋糕擺在略大於蛋糕底部的紙板上，以免受到撞擊！紙板中央擺上少許焦糖，可避免蛋糕滑動。

用裝有聖多諾黑花嘴的擠花袋在表面擠出水滴狀的香草香醍鮮奶油。用一些蛋白霜裝飾。

胡桃鉗　CASSE NOISETTE

準備時間：5 小時
烘焙時間：50 分鐘
靜置時間：至少 1 個晚上

材料

1. 酥餅
軟奶油 130 克
砂糖 125 克
榛果粉 25 克
雞蛋 1 顆
T45 麵粉 250 克
泡打粉 1 克

2. 達克瓦茲
榛果粉 95 克
糖粉 55 克
蛋白 135 克
砂糖 65 克
烘焙碎榛果 40 克
奶粉 6 克
T45 麵粉 20 克

3. 粗粒帕林內
未去皮榛果 120 克
砂糖 140 克
水 60 毫升
香草粉 1 撮

4. 奶油用果仁糖
粗粒帕林內 100 克
榛果醬 100 克

5. 千層帕林內
（法芙娜）白巧克力 15 克
粗粒帕林內 110 克
可可巴芮小脆片（PAILLETÉ FEUILLANTINE）15 克

6. 牛奶巧克力與白巧克力帕林內慕斯
白巧克力 50 克
牛奶巧克力 30 克
奶油用果仁糖 45 克
發泡打發鮮奶油 160 克
烘焙碎榛果 40 克

7. 黑巧克力與牛奶巧克力帕林內慕斯
黑巧克力 45 克
牛奶巧克力 45 克
奶油用果仁糖 40 克
發泡打發鮮奶油 200 克

8. 最後修飾
碎榛果
糖粉或裝飾糖

用具
24 公分的木柴蛋糕模 1 個
料理溫度計 1 支
星形花嘴的擠花袋 1 個
玻璃紙
略大於木柴蛋糕的紙板 1 張

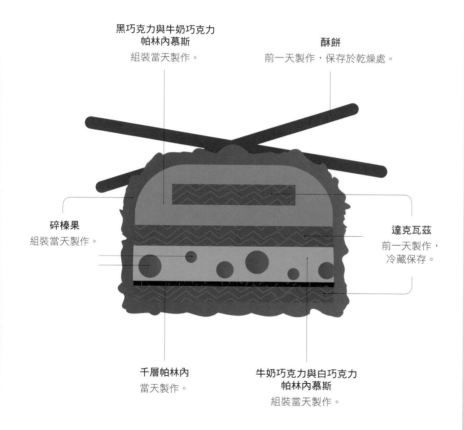

黑巧克力與牛奶巧克力帕林內慕斯
組裝當天製作。

酥餅
前一天製作，保存於乾燥處。

碎榛果
組裝當天製作。

達克瓦茲
前一天製作，冷藏保存。

千層帕林內
當天製作。

牛奶巧克力與白巧克力帕林內慕斯
組裝當天製作。

組裝

兩種作法可選擇：

1. 品嚐前一天或提前 2 天，製作達克瓦茲和酥餅。當天製作慕斯和榛果。進行組裝，冷凍至少 3 小時，為冷凍的蛋糕淋上鏡面並進行裝飾。冷藏至品嚐前取出。

2. 可提前組裝木柴蛋糕並冷凍：注意，將木柴蛋糕凍至硬化後再仔細包好。品嚐當天再進行裝飾。

記得在木柴蛋糕下方擺上長方形紙板。

1. 製作酥餅

烤箱預熱至 180℃。

在沙拉攪拌盆中輕輕攪拌膏狀奶油和砂糖、榛果粉。接著倒入雞蛋，整體必須充分軟化，加入混合的麵粉和泡打粉。

填入裝有星形花嘴的擠花袋中，在事先刷好奶油並撒上麵粉的烤盤上擠出小麵糊條。用手指輕輕將小麵糊條扭成麻花狀。將這些小麵糊塊擺在鋪有烤盤紙的烤盤上。

放入烤箱烤 10 至 15 分鐘。

放涼後擺在密封罐中。

2. 製作達克瓦茲

（旋風式）烤箱預熱至 180℃。

用電動攪拌機將榛果粉和糖粉一起磨碎。

蛋白加入少許砂糖打成泡沫狀。打至硬性發泡後，將剩餘的糖混入蛋白中。

用刮刀混入榛果、糖粉、奶粉和麵粉等混料。輕輕混合攪拌。

將蛋糕體麵糊鋪在鋪有烤盤紙的烤盤上，切成平行的條狀：2 條 5 公分，1 條 8 公分。

放入烤箱烤 15 至 20 分鐘，過程中將烤盤轉向。記住：如果你可以用手指稍微按壓蛋糕體，表示已烤至理想狀態。

烤好後，放在網架上，完全冷卻後再使用。

3. 製作粗粒帕林內

烤箱以 160℃烤榛果 10 至 15 分鐘，以進行烘焙，接著去皮。

取平底深鍋，將砂糖和水加熱至 117℃，接著加入香草粉，倒入冷卻的榛果，用力攪拌。

再煮幾秒，但不要煮至過度焦糖化。

用電動攪拌機攪打至產生帶顆粒的膏狀。

4. 製作奶油用果仁糖

混合帕林內和榛果醬。預留備用。

5. 製作千層帕林內

將白巧克力隔水加熱至融化，接著混入剩餘材料。拌勻後預留備用。

6. 製作牛奶巧克力與白巧克力帕林內慕斯

將兩種巧克力倒入容器中，隔水加熱至融化。

將混料放涼，溫度降至 45 ～ 50℃時，和奶油用果仁糖混合，接著全部倒入發泡打發鮮奶油中，加入榛果。

用橡皮刮刀快速混合，不停攪拌幾秒：混料必須均勻。

7. 製作黑巧克力與牛奶巧克力帕林內慕斯

將兩種巧克力倒入容器中，隔水加熱至融化。

將混料放涼，溫度降至 45 ～ 50℃時，和奶油用果仁糖混合，接著全部倒入發泡打發鮮奶油中。

用橡皮刮刀快速混合，不停攪拌幾秒：混料必須均勻。

8. 進行組裝

木柴蛋糕模內鋪上保鮮膜、玻璃紙或塑膠紙，或最簡單的烤盤紙。

鋪上黑巧克力與牛奶巧克力帕林內慕斯，擺上寬 5 公分的達克瓦茲，接著再鋪上黑巧克力與牛奶巧克力帕林內慕斯，擺上第 2 塊蛋糕體。接著鋪上牛奶巧克力與白巧克力帕林內慕斯。

在第 3 塊蛋糕體上擺上千層帕林內並鋪開，擺上倒扣的蛋糕體，千層帕林內的一面面朝慕斯。

冷凍保存至少一個晚上。

將蛋糕從冷凍庫中取出，脫模，撒上烘焙碎榛果。

接著將木柴蛋糕擺在略大於蛋糕底部的紙板，以免受到撞擊！

用酥餅進行裝飾，為部分的酥餅撒上糖粉或裝飾糖（不會融化的糖粉！）。

ROSE DÉSIR

渴望玫瑰

準備時間：5 小時
烘焙時間：15 至 20 分鐘
冷凍時間：1 個晚上
可安排 2 天的時間進行備料。

材料

1. 紅莓果鑲層
新鮮野莓果肉 170 克
紅醋栗果肉 70 克
酸櫻桃果肉 50 克
砂糖 30 克
吉利丁 6 克

2. 牛奶巧克力慕斯
吉利丁片 1 克
30℃的糖漿 30 克（糖 15 克，水 15 克）
蛋黃 40 克
（法芙娜）吉瓦納牛奶巧克力 100 克
打發鮮奶油 200 克

3. 杏仁榛果蛋糕體
蛋白 80 克
砂糖 30 克
榛果粉 55 克
杏仁粉 15 克
糖粉 80 克

4. 玫瑰輕慕斯
吉利丁片 4 克
蛋黃 75 克
砂糖 30 克
液狀鮮奶油 (1) 135 克
玫瑰糖漿 20 克
玫瑰花水 15 克
玫瑰香精 2 滴
液狀鮮奶油 (2) 170 克

5. 玫瑰絲絨
可可脂 200 克
（法芙娜）歐帕莉絲（OPALYS）白巧克力 200 克
QS 脂溶性紅色食用色素

工具
長 24 公分的木柴蛋糕模 1 個
寬 4 或 5 公分的定型模 1 個
裝有花嘴的擠花袋 1 個
長方形蛋糕模
Wagner 蛋糕巧克力噴槍 1 枝

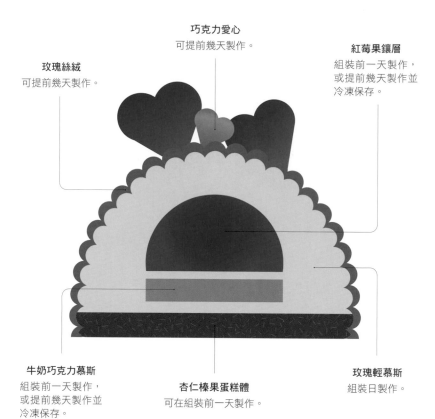

巧克力愛心
可提前幾天製作。

紅莓果鑲層
組裝前一天製作，或提前幾天製作並冷凍保存。

玫瑰絲絨
可提前幾天製作。

牛奶巧克力慕斯
組裝前一天製作，或提前幾天製作並冷凍保存。

杏仁榛果蛋糕體
可在組裝前一天製作。

玫瑰輕慕斯
組裝日製作。

組裝

三種作法可選擇：

1. 前一天，準備好所有材料，確保一切就緒。當天，製作玫瑰輕慕斯。進行組裝和最後裝飾。

2. 為組裝日提前準備好所有材料。當木柴蛋糕組裝完成，請冷凍保存至品嚐日。組裝當天，為蛋糕加上絲絨霧面並進行裝飾。
   記得在木柴蛋糕下方擺上長方形紙板。

3. 亦可將裝飾好的木柴蛋糕冷凍保存至品嚐日（約 1 星期）。在這種情況下，請放入紙盒或隔熱盒中冷凍，以免損壞。
   冷藏幾小時後再品嚐。

4. 製作玫瑰輕慕斯

將吉利丁浸泡在冰涼的冷水中。

攪打蛋黃和糖。將鮮奶油 (1) 煮沸，接著倒入蛋黃中。仔細混合，將備料倒入平底深鍋中。煮至如同英式奶油醬。

加入擰乾的吉利丁。仔細混合至吉利丁溶解，在常溫下放涼。在英式奶油醬冷卻但尚未凝固時，加入玫瑰糖漿、玫瑰花水和玫瑰香精。

接著混入液狀鮮奶油 (2)。

5. 製作玫瑰絲絨

將可可脂和調溫巧克力微波加熱至融化，加入紅色食用色素，接著以手持式電動攪拌棒攪打。

6. 進行組裝與擺盤

木柴蛋糕模內部鋪上薄薄一層玫瑰慕斯。加入水果鑲層和薄薄一層慕斯。擺上長方形的牛奶巧克力慕斯，最後再填滿玫瑰慕斯。讓慕斯凝固，再度用玫瑰慕斯抹平，接著用力按壓蛋糕體。

冷凍幾小時，最好冷凍 1 個晚上。

脫模後用噴槍或 PCB® 粉紅噴霧罐噴上玫瑰絲絨霧面；用 PCB® 粉紅和白巧克力愛心裝飾，也可以自行製作染色的蛋白霜小愛心，全程用烤箱以 80℃ 烘烤，讓蛋白霜的色素附著，而不會沾到其他地方。

1. 製作紅莓果鑲層

將吉利丁浸泡在冰涼的冷水中。

取平底深鍋，以中火加熱果肉和糖。

混入擰乾的吉利丁。將備料倒入寬 4 至 5 公分的定型模。冷藏凝固，接著冷凍。

2. 製作牛奶巧克力慕斯

將吉利丁浸泡在冰涼的冷水中。

糖漿加熱至 30℃。

混入擰乾的吉利丁。

將糖漿倒入蛋黃中，接著以隔水加熱的方式打發。

電動攪拌機持續以中速攪打，直到形成非常輕盈的慕斯。

接著輕輕混入融化的巧克力，再加入打發鮮奶油。

慕斯填入擠花袋，擠到 1 至 2 個鋪有保鮮膜的 24 公分蛋糕模中。冷凍 2 小時。

3. 製作杏仁榛果蛋糕體

烤箱預熱至 180℃。

在電動攪拌機的攪拌缸中，分幾次加入砂糖，將蛋白打發。

當蛋白打成蛋白霜，灑上榛果粉、杏仁粉和糖粉。

用橡皮刮刀輕輕混合。將備料倒入裝有 10 公釐花嘴的擠花袋，在烤盤紙上擠出寬 8 公分、長 24 公分的長條。

放進烤箱烘烤 15 至 20 分鐘。蛋糕體必須烤至適當的熟度。若烤過頭，可刷上少量的水稍微濕潤。

香草香草

VANILLE VANILLE

準備時間：4 小時
烘焙時間：20 至 30 分鐘
靜置時間：至少 2 小時
木柴蛋糕尺寸：24 公分，高 6 公分，寬 8 公分

材料

1. 杏仁達克瓦茲
杏仁粉 60 克
糖粉 70 克
蛋白 70 克
砂糖 25 克

2. 香草鑲層
全脂牛乳 30 毫升
全脂液狀鮮奶油 220 克
香草莢 1 根
砂糖 30 克
NH 果膠 1 克
蛋黃 50 克

3. 帕林內酥
占度亞榛果巧克力（GIANDUJA）
　130 克
千層酥 25 克
酥餅碎片 30 克
鹽之花 1 撮

4. 香草慕斯
吉利丁 3 克
全脂牛乳 75 克
高脂奶油 15 克
香草莢 1/2 根
香草精 5 克
砂糖 15 克 (1)
蛋黃 25 克
砂糖 10 克 (2)
液狀鮮奶油 325 克

5. 香草鏡面
吉利丁 8 克
水 50 毫升
砂糖 110 克
葡萄糖 110 克
香草莢 1 根
甜煉乳 75 克
（法芙娜）調溫白巧克力 125 克
二氧化鈦 1 撮

6. 最後修飾
蛋白霜條

工具

24 公分的木柴蛋糕模 1 個
漏斗型網篩 1 個
定型模 1 個
料理溫度計 1 支
玻璃紙
10 公釐圓口花嘴的擠花袋 1 個

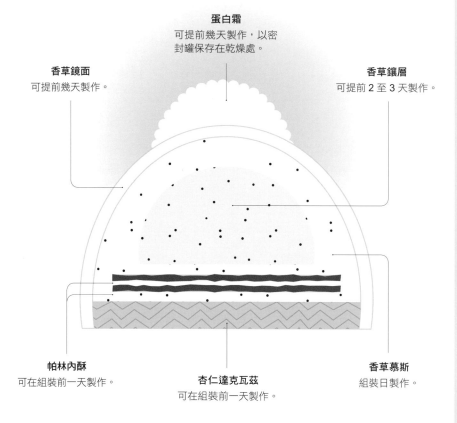

蛋白霜
可提前幾天製作，以密封罐保存在乾燥處。

香草鏡面
可提前幾天製作。

香草鑲層
可提前 2 至 3 天製作。

帕林內酥
可在組裝前一天製作。

杏仁達克瓦茲
可在組裝前一天製作。

香草慕斯
組裝日製作。

組裝

兩種作法可選擇：

1. 前一天，準備好所有材料，確保一切就緒。當天製作香草慕斯。進行組裝和裝飾。

2. 為組裝日提前準備好所有材料。木柴蛋糕組裝完成後，請冷凍保存至品嚐日。組裝
當天，為蛋糕淋上鏡面並進行裝飾。

記得在木柴蛋糕下方擺上長方形紙板。

1. 製作杏仁達克瓦茲

烤箱預熱至 170℃。

烘焙杏仁粉十幾分鐘。

糖粉過篩至烤盤紙上，加入杏仁粉，拌勻。

將蛋白打成泡沫狀。蛋白起泡後，分幾個階段逐量灑上砂糖。形成蛋白霜時，灑上糖粉、杏仁粉的混料，一邊以橡皮刮刀輕輕混合。

為烤盤鋪上烤盤紙。用擠花袋在烤盤上擠出長 24 公分且寬 7 公分的蛋糕體麵糊。

蛋糕體麵糊放入烤箱烤 20 至 30 分鐘。蛋糕體應烤至適當的熟度。

注意：為多餘的蛋糕體麵糊蓋上保鮮膜，冷凍保存供其他甜點用。

2. 製作香草鑲層

取平底深鍋，將牛乳、鮮奶油和剖開並去籽的香草莢煮沸，接著以漏斗型網篩過濾。

混合糖和果膠。

再將香草牛乳逐量倒入上述混料，邊持續輕輕攪打。接著倒入平底深鍋，煮沸。

離火，加入打散的蛋黃，快速攪拌，接著倒入定型模。冷凍。

3. 製作帕林內酥

占度亞榛果巧克力隔水加熱至融化，當巧克力變得平滑，加入剩餘的材料。

平鋪在 2 張 24×14 公分的烤盤紙上。冷凍保存。

4. 製作香草慕斯

將吉利丁浸泡在冰涼的冷水中。

取平底深鍋，以中火加熱牛乳、高脂奶油和半根剖半並去籽的香草莢、香草精和糖 (1)。

蛋黃和糖 (2) 放入容器中混合。牛乳煮沸後，將一半的牛乳倒入蛋黃和糖中，快速攪拌。倒入平底深鍋，以小火燉煮，邊以刮刀攪拌，煮至 85℃。若沒有料理溫度計，可在刮刀自液體中提起時，用手指在刮刀上劃線，若痕跡沒有消失，表示溫度適中。

加入擰乾的吉利丁，接著蓋上保鮮膜冷藏。

液狀鮮奶油倒入電動攪拌機的攪拌缸中，快速攪打成柔軟的香醍鮮奶油。將打蛋器提起時，鮮奶油應形成鳥嘴狀。冷藏保存。

當英式奶油醬達約 26℃ 時，視情況攪拌至平滑。用橡皮刮刀輕輕混入 1/4 的香醍鮮奶油。倒入 3/4 剩餘的香醍鮮奶油，輕輕混合，以免鮮奶油塌下。

5. 製作香草鏡面

將吉利丁浸泡在冰涼的冷水中。

取平底深鍋，以中火加熱水、糖、葡萄糖、去籽的香草莢，製作糖漿。離火，加入煉乳，接著是擰乾的吉利丁。

糖漿達 85℃ 時混入巧克力，形成均勻的混料。加入用少許鏡面稀釋的二氧化鈦。用電動攪拌機攪打，勿形成氣泡。

6. 進行組裝與最後修飾

木柴蛋糕模型內鋪上 24×8 公分的玻璃紙。

用裝有 10 公釐花嘴的擠花袋在模型底部鋪上 1/3 的香草慕斯。冷凍，讓慕斯稍微凝固。當慕斯剛好凝固時，將香草鑲層取出，擺在模型中央，但不要按壓至模型底部。在香草鑲層上鋪上少許香草慕斯。

用熱過的刀將帕林內酥切半。將第 1 層帕林內酥擺在慕斯上，輕輕按壓，讓慕斯溢出邊緣，但不要蓋到香草鑲層。鋪上第 2 層香草慕斯，擺上第 2 塊帕林內酥，用極輕的力道按壓。

重複同樣的程序，用擠花袋將少許香草慕斯擠在香草鑲層上，擺上達克瓦茲，輕輕按壓至模型高度。冷凍。

隔天，或最後修飾當天，脫模，移去玻璃紙，將香草鏡面淋在尚未解凍的木柴蛋糕上。

最後用蛋白霜裝飾。

PIROUETTE
CACAHUÈTES

轉啊轉小花生

轉啊轉小花生

PIROUETTE CACAHUÈTES

準備時間：5 小時
烘焙時間：1 小時 20 分鐘
靜置時間：至少 1 個晚上
10 ～ 12 人份

材料

1. 香草打發甘那許
吉利丁 6 克
全脂牛乳 200 毫升
葡萄糖 10 克
香草莢 3 根
（法芙娜）白巧克力 245 克
全脂液狀鮮奶油 410 克

2. 香草榛果蛋白脆餅
蛋白 125 克
砂糖 100 克
榛果粉 60 克
香草粉 1 克
蛋白脆餅碎片 20 克（第一次製作
　　時，放入蛋白霜碎屑）
糖粉 60 克

3. 香草新月餅乾麵團
砂糖 35 克
香草莢 1/4 根
軟奶油 120 克
T45 麵粉 140 克
杏仁或榛果粉 60 克
香草精 1 小匙

4. 鹽之花焦糖
砂糖 100 克
葡萄糖 15 克
微溫的全脂液狀鮮奶油 50 克
香草莢 1/2 根
鹽之花 2 克
冷奶油 80 克

5. 焦糖花生
砂糖 40 克
水 20 毫升
鹽烤花生 100 克

6. 白絲絨
可可脂 200 克
（法芙娜）白巧克力 200 克
QS 白色食用色素或二氧化鈦（脂溶
　　性粉末）

工具

10 公釐圓口花嘴的擠花袋 1 個
12 公釐圓口花嘴的擠花袋 1 個
料理溫度計 1 支
曲型抹刀 1 支
Wagner 蛋糕巧克力噴槍 1 枝
細孔濾布 1 片

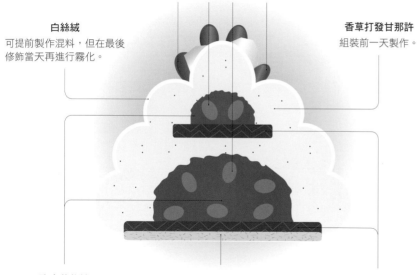

焦糖花生
可提前 2 至 3 天製作，
以密封罐保存。

白絲絨
可提前製作混料，但在最後
修飾當天再進行霧化。

香草打發甘那許
組裝前一天製作。

鹽之花焦糖
絕對可以提前製作，請以密
封罐保存。

香草新月餅乾麵團
可在組裝前一天製作，或提前
幾天製作，將生麵團冷凍，組
裝當天烘烤。

香草榛果蛋白脆餅
組裝前一天製作，或提前幾
天製作，如果是後者，請仔
細包好並保存在乾燥處。

組裝

兩種作法可選擇：

1. 品嚐日進行組裝：依材料而定，在前一天或提前幾天製作。當天，將鮮奶油打發。
　 進行組裝，接著製作霧面裝飾。

2. 可提前組裝木柴蛋糕並冷凍：注意，務必要將蛋糕冷凍至硬化，再將未裝飾但已噴
　 上霧面的蛋糕仔細包好。

只在品嚐當天進行裝飾：待蛋糕充分解凍（置於冰箱約 3 小時）後再擺上裝飾（銀箔
和花生）。

也要記得在木柴蛋糕下方擺上長方形紙板。

1.（前一天）製作香草打發甘那許

將吉利丁浸泡在冰涼的冷水中。

取平底深鍋，以中火加熱牛乳、葡萄糖、香草。加入擰乾的吉利丁。混合。分 3 次倒入白巧克力中。混合。冷卻後，加入液狀鮮奶油。

冷藏放涼 1 個晚上。

隔天，先將香醌鮮奶油打發後再使用。注意！請輕輕打發，以免將鮮奶油打至過硬。

2. 製作香草榛果蛋白脆餅

烤箱預熱至 150℃。

蛋白加進少許砂糖打發。

蛋白打至硬性發泡後，將剩餘的糖混入蛋白。

接著加入榛果粉、香草粉、蛋白霜（蛋白脆餅）碎屑，用橡皮刮刀輕輕攪拌。

將上述備料倒入裝有 10 公釐圓口花嘴的擠花袋，在鋪有烤盤紙的烤盤上擠出 22 公分的長條——1 條和 2 條的蛋白脆餅。

放入烤箱烤約 1 小時，烘烤過程中將烤盤轉向。蛋白脆餅烤好後，放在網架上至完全冷卻後再使用。

3. 製作香草新月餅乾麵團

烤箱預熱至 170℃。

砂糖倒入電動攪拌機的攪拌缸中，加入香草莢，攪打成具濃郁香草味的糖。

將糖過篩至容器中。

加入奶油、麵粉、杏仁粉和香草精。

用木匙混合所有材料，直到形成均勻的麵團。

擀成厚 5 公釐、寬 8 公分且長 22 公分的麵皮。

放入烤箱烤 20 幾分鐘。

4. 製作鹽之花焦糖

糖和葡萄糖倒入厚底平底深鍋，以中火加熱。再小火煮至糖轉為漂亮的焦糖色。接著加入微溫的鮮奶油和去籽的香草莢，用刮刀輕輕攪拌，以中火調整焦糖的深淺度。

完全混入鮮奶油後，將溫度計插入焦糖中，以掌控烹煮程度：溫度應為 106℃。

鍋子離火後，加入鹽及冰涼的切塊奶油，中止烹煮。混合，用電動攪拌機攪打整整 1 分鐘。

將焦糖倒入乾淨的容器中，在常溫的密閉容器中靜置（夏季請冷藏保存）。

5. 將花生煮至焦糖化

在平底深鍋中將糖和水煮至 118℃。

加入鹽烤花生。

攪拌至糖再度凝結，以小火加熱，讓整體形成焦糖。倒入盤中，試著將花生分開，但小心不要燙傷！

6. 製作白絲絨

前一天，將蛋糕巧克力噴槍擺在溫熱處。

以微波或隔水加熱的方式，將可可脂和調溫巧克力加熱至融化，將先前 1 大匙的混料倒入白色食用色素中。拌勻，形成柔軟膏狀——利於脂溶性食用色素的溶解，接著用小型的手持式電動攪拌棒攪打。用細孔濾布將混料過篩。維持在 35℃。

若烤箱可以調至 30～35℃，請將上述混料和噴槍放入，可避免混料硬化。如果不行，請隔水加熱。

7. 進行組裝

將香草新月餅乾麵團擺在烤盤上，將少許焦糖黏在 2 條的蛋白脆餅上，用擠花袋將少許焦糖擠在蛋白脆餅上，鋪上鹽味花生。

接著擺上 1 條的蛋白脆餅，再擠上少許焦糖，加上幾顆焦糖花生，整個冷凍半個小時。

將香草甘那許打發，打至起泡，將打發甘那許填入裝有 11 公釐花嘴的擠花袋，在蛋糕的周圍和表面擠上小球。將木柴蛋糕冷凍 2 小時。

用填入白絲絨的噴槍（或用 PCB® 的白絲絨噴霧罐）噴上霧面。

用烤花生和焦糖花生進行裝飾。

在此階段，你可將蛋糕冷藏，在 2 日內品嚐，或是預先小心地儲存在密封盒，冷凍至品嚐前取出。

MADEMOISELLE CHARLOTTE

夏洛特小姐

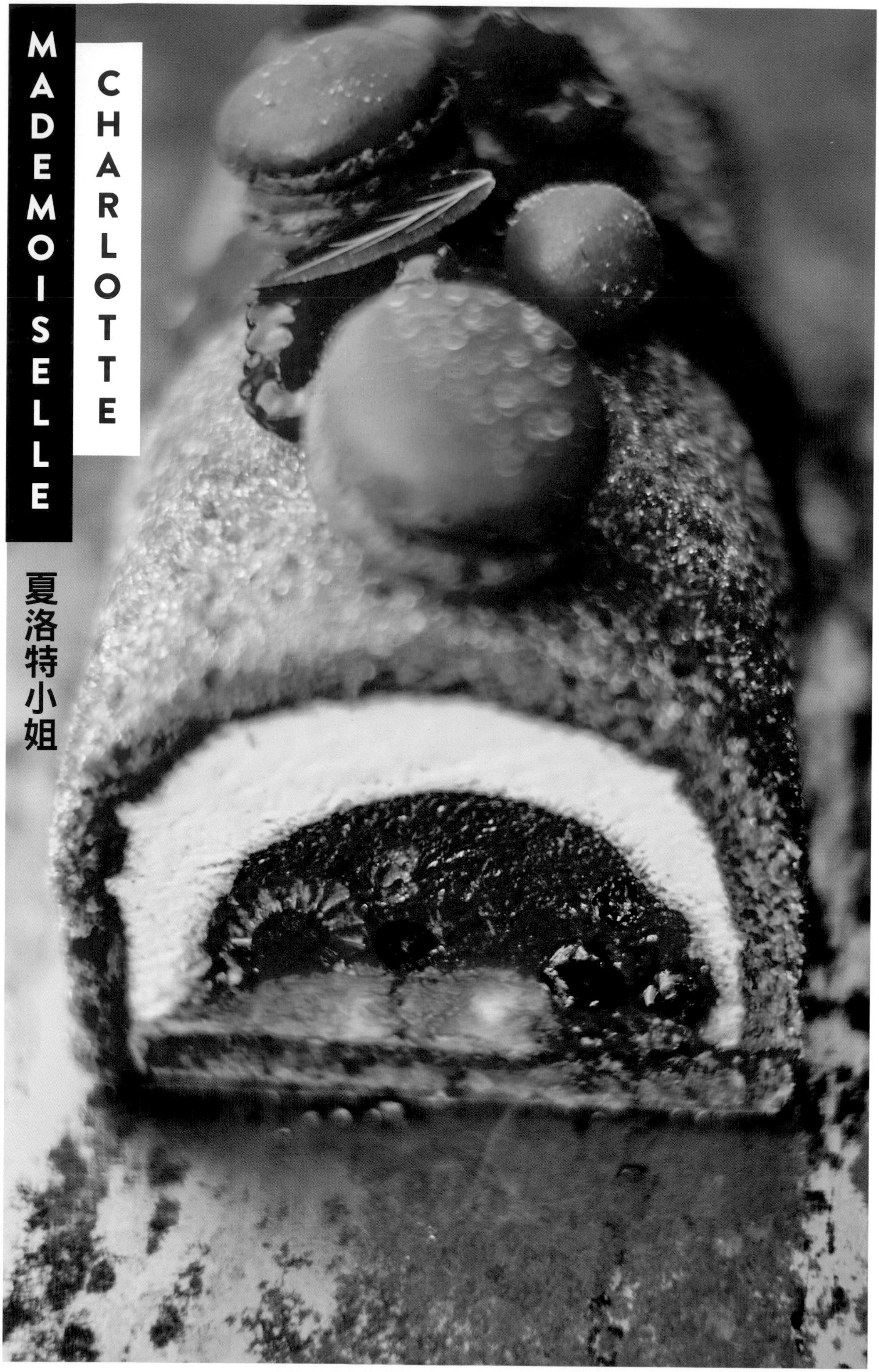

夏洛特小姐 MADEMOISELLE CHARLOTTE

準備時間：5 小時
烘焙時間：25 分鐘
靜置時間：2 個晚上
10 人份

覆盆子馬卡龍
可提前製作，並以密封罐冷凍保存，冷藏
12 小時回溫，這樣馬卡龍可保存 3 日。

指形蛋糕體
可前一天製作，以保鮮
膜包好，冷藏保存。

覆盆子鑲層
可提前幾天製作，冷凍
保存至組裝當日。

柚子奶油醬
組裝日製作。

酥餅
可提前 1 周製作，將生麵糊冷凍
保存，在最後修飾當天烘烤。

香草巴伐利亞奶油
組裝日製作。

組裝

兩種作法可選擇：

1. 品嚐日進行組裝：前一天製作指形蛋糕體，提前幾天或前一天製作覆盆子鑲層。當
   天製作香草巴伐利亞奶油、柚子奶油醬。進行組裝，接著製作裝飾。

2. 可提前組裝木柴蛋糕並冷凍：注意，先將蛋糕冷凍至硬化後，再將未裝飾的蛋糕仔
   細包好。

品嚐當天再進行裝飾：待蛋糕充分解凍。進行最後修飾，接著再擺上裝飾。

也要記得在木柴蛋糕下方擺上長方形紙板。

材料

1. 覆盆子鑲層
吉利丁 6 克
覆盆子果肉 300 克
砂糖 30 克
覆盆子 40 克
藍莓 20 克

2. 指形蛋糕體
蛋白 5 顆
砂糖 135 克
覆盆子紅色食用色素
蛋黃 5 顆
T45 麵粉 135 克

3. 酥餅
軟奶油 100 克
糖粉 35 克
精鹽 1 克
T45 麵粉 90 克

4. 柚子奶油醬
吉利丁 3 克
砂糖 35 克
雞蛋 1 顆
青檸檬皮 1/2 顆份量
柚子果肉 50 克
軟奶油 65 克
蛋白 15 克
砂糖 25 克
全脂液狀鮮奶油 35 克

5. 香草巴伐利亞奶油
吉利丁 3 克
全脂牛乳 200 毫升
香草莢 1 根
蛋黃 70 克
砂糖 40 克
打發鮮奶油 180 克

6. 糖漿
覆盆子果肉 100 克
水 50 毫升
檸檬汁 20 克

7. 最後修飾
覆盆子果醬
PCB® 水果軟糖條
覆盆子馬卡龍
新鮮覆盆子

工具

24 公分的木柴蛋糕模 1 個
寬 4 至 5 公分的定型模 1 個
不鏽鋼曲型抹刀 1 支
漏斗型濾布網篩（CHINOIS
　ÉTAMINE）1 個
料理溫度計 1 支
網篩 1 個
玻璃紙
木柴蛋糕大小的紙板 1 張

1.（前一天）製作覆盆子鑲層

將吉利丁浸泡在非常冰涼的冷水中。

取平底深鍋，以中火加熱 1/4 的果肉和糖，接著混入擰乾的吉利丁和剩餘的果肉。

倒入寬 4 至 5 公分的定型模內，約 1 公分的高度，加入覆盆子和藍莓，冷凍 1 個晚上使其硬化。

2. 製作指形蛋糕體

（旋風）烤箱預熱至 180℃。

糖逐量倒入蛋白中，將蛋白打發。加入覆盆子食用色素。

蛋白打發後倒入蛋黃。

用橡皮刮刀混入麵粉。

用曲型抹刀在烤盤紙上將麵糊鋪至 8 公釐厚。

放入烤箱烤 7 至 8 分鐘。置於網架上放涼。

將蛋糕體連同烤盤紙倒扣在另一張烤盤紙上。

接著將蛋糕體切成寬 17 公分、長 24 公分的長條，以及寬 8 公分、長 24 公分的長條。

3. 製作酥餅

烤箱預熱至 170℃。

在沙拉攪拌盆中，用刮刀將奶油攪拌成膏狀。加入糖粉，接著是鹽，用打蛋器快速攪拌。

混入麵粉，攪拌成麵糊。

將麵糊擺在烤盤紙上。蓋上另一張烤盤紙，按壓表面，接著用桿麵棍擀平，擀至厚度約 5 公釐。冷凍幾分鐘。

將上方烤盤紙移除，撒上麵粉，倒扣在另一張烤盤紙上，再度撒上少許麵粉──這個動作稱為「撒麵粉」，以免沾黏。

切成寬 7 公分且長度同木柴蛋糕的條狀，擺在烤盤上。

放入烤箱烤 15 分鐘。

4. 製作柚子奶油醬

將吉利丁浸泡在非常冰涼的冷水中。

取平底深鍋，以中火加熱糖、蛋、檸檬皮和柚子果肉，在第一次煮滾時離火。

用漏斗型濾布網篩過濾。

加入切成小塊的奶油、擰乾的吉利丁，接著以電動攪拌機攪打 1 分鐘。

用蛋白和糖製作蛋白霜。

在冰涼的容器中攪打液狀鮮奶油，打至鮮奶油可附著在打蛋器的鋼條上。

輕輕將蛋白霜混入柚子奶油醬，接著是打發鮮奶油。預留備用。

5. 製作香草巴伐利亞奶油

將吉利丁浸泡在非常冰涼的冷水中。

取平底深鍋，將牛乳和剖半並去籽的香草莢煮沸。

將蛋黃和糖攪打至泛白。加入牛乳中。

煮至奶油醬可附著於匙背上，約 82℃。

離火後混入擰乾的吉利丁。

放涼後加入打發鮮奶油。

6. 製作糖漿

加熱糖漿的所有材料，均勻攪拌，讓糖溶解。用網篩過濾所有材料。

7. 組裝與擺盤

木柴蛋糕模內鋪上保鮮膜、玻璃紙或塑膠紙，或最簡單的烤盤紙。

將指形蛋糕體倒扣在模型內壁。刷上少量糖漿。

在蛋糕體內壁鋪上 2 公分厚的香草巴伐利亞奶油。加上柚子奶油醬。

鋪上冷凍覆盆子鑲層。

最後再鋪上香草巴伐利亞奶油，抹平，接著擺上寬 8 公分、長度同模型的指形蛋糕體。刷上少量糖漿。

冷凍保存至少 1 個晚上。

將酥餅條擺在紙板上，表面鋪上少許覆盆子果醬或紅色莓果。

木柴蛋糕脫模，擺在酥餅上。用 PCB® 水果軟糖條（見店址清單，沒有的話可使用小條的玫瑰杏仁膏）裝飾。

用少許覆盆子果醬黏上幾顆現成的覆盆子馬卡龍（自製更佳！）和切半的覆盆子。

CHOUPI FRAMBOISE
覆盆子小木堆蛋糕

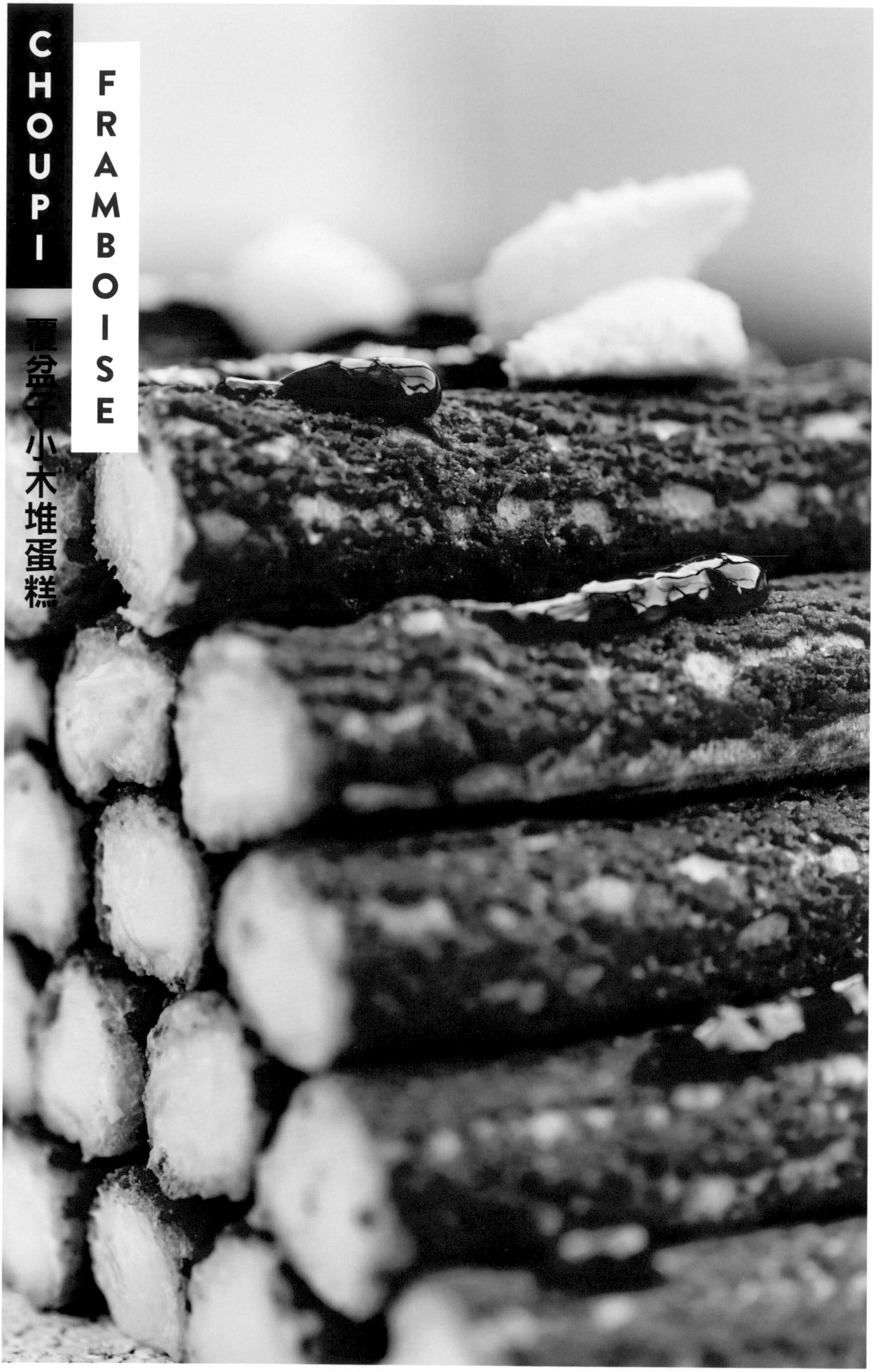

覆盆子小木堆蛋糕

CHOUPI FRAMBOISE

材料

1. 香草甜酥派皮
軟奶油 120 克
糖粉 80 克
香草莢 1/4 根
杏仁粉 25 克
鹽之花 1 撮
雞蛋 1 顆
T45 麵粉 200 克

2. 翻糖卡士達奶油醬
全脂液狀鮮奶油 100 克
全脂鮮乳 500 毫升
香草莢 2 根
蛋黃 6 顆
砂糖 120 克
玉米粉 50 克
奶油 80 克

3. 閃電泡芙表層
軟奶油 100 克
粗紅糖 120 克
草莓紅食用色素
T45 麵粉 120 克

4. 閃電泡芙
全脂鮮乳 100 毫升
水 100 毫升
鹽 3 克
砂糖 2 克
奶油 100 克＋烤盤用奶油
T45 麵粉 100 克
雞蛋 200 克（＋水 5 至 10 克）

5. 覆盆子檸檬果醬
砂糖 150 克
NH 果膠 4 克
覆盆子 250 克
檸檬汁 10 克
可添加天然香精：薰衣草或堇菜

6. 最後修飾
椰子粉
椰子小蛋白霜

工具
細孔星形花嘴的擠花袋 1 個
細孔圓口花嘴的擠花袋 1 個

可提前幾天製作泡芙麵糊條並將生麵糊冷凍。

準備時間：4 小時
靜置時間：4 小時
烘焙時間：35 分鐘
10 ～ 12 人份

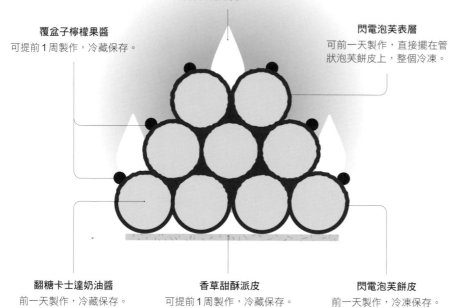

椰子蛋白霜
可提前 1 至 2 周製作，
保存於乾燥處。

覆盆子檸檬果醬
可提前 1 周製作，冷藏保存。

閃電泡芙表層
可前一天製作，直接擺在管
狀泡芙餅皮上，整個冷凍。

翻糖卡士達奶油醬
前一天製作，冷藏保存。

香草甜酥派皮
可提前 1 周製作，冷藏保存。

閃電泡芙餅皮
前一天製作，冷凍保存。

組裝

三種作法可選擇：

1. 前一天，製作泡芙麵糊和卡士達奶油醬。當天烘烤泡芙餅皮。進行組裝和裝飾。

2. 提前製作泡芙麵糊並冷凍。品嚐日烘烤解凍的泡芙麵糊，接著進行最後修飾和裝
   飾。

3. 前一天烘烤泡芙麵糊，隔天將管狀泡芙餅皮放入烤箱以 80℃烤幾分鐘，讓餅皮恢
   復彈性。放涼。進行組裝與裝飾。

記得在木柴蛋糕下方擺上長方形紙板。

1. 製作香草甜酥派皮

將軟奶油擺在容器中，糖粉過篩到奶油上。加入香草籽、杏仁粉和鹽。用刮刀混合至備料均勻。

將雞蛋打入混料中，拌勻。

麵粉過篩至混料中，持續混合，但不要過度攪拌麵糊。

用保鮮膜包起，冷藏靜置 2 小時。

烤箱預熱至 180℃。

在撒有少許麵粉的工作檯上，將甜酥派皮攤平擀成 4 公釐的厚度。切成寬 6 公分、長 22 公分的條狀，擺在烤盤上，用叉子在派皮上戳出大量的洞。放入烤箱烤 15 分鐘。

2. 製作翻糖卡士達奶油醬

將液狀鮮奶油打發成香醍鮮奶油，冷藏保存。

以中火將鮮乳、香草籽和香草莢煮沸，浸泡至少 1 小時。預留備用。

同時，將蛋黃、糖和玉米粉倒入沙拉攪拌盆中。快速攪打，但不要將混料攪拌至泛白。

再度將香草牛乳煮沸。將 1/3 煮沸的牛乳混入蛋黃、糖和玉米粉的混料中，拌勻。

再全部倒入平底深鍋中，以大火燉煮，一邊快速攪拌。當奶油醬變濃稠，將鍋子離火，加入奶油，攪拌至奶油完全混入奶油醬中。

將奶油醬倒在保鮮膜上，且將奶油醬完全包覆，以免乾掉。放入冰箱冷凍 10 分鐘，接著冷藏 2 小時。

移去保鮮膜。倒入容器中，快速攪打 2 分鐘，讓奶油醬軟化（最好使用電動攪拌機！）輕輕加入打發鮮奶油。

3. 製作閃電泡芙表層

用打蛋器將膏狀奶油攪拌至軟化。加入粗紅糖和食用色素，稍微攪拌。接著倒入麵粉並拌勻。

將麵糊平鋪在 2 張烤盤紙上，擀至 1 公釐厚，放入冰箱冷凍保存，使用前取出。

切成寬 1.5 公分和最長 1 公分的細條，冷凍。全程在冷凍過的烤盤上進行這些步驟，讓麵糊保持堅硬。

4. 製作閃電泡芙

取平底深鍋，以小火加熱鮮乳、水、鹽、糖和奶油。第 1 次煮滾時，將鍋子離火，1 次灑上過篩的麵粉。用刮刀非常快速地混合。

再度以小火加熱鍋子，不間斷地（非常重要）用力攪打 2 分鐘，直到麵糊變得平滑，而且不會沾黏鍋子內壁。將備料移至容器中。一次一顆地混入蛋，一邊用力混合。

麵糊必須具有彈性，而且比果泥稍軟。如果麵糊過於稠厚，可加入少量的水。

在刷上奶油的烤盤上，用裝有細孔星形花嘴的擠花袋，每間隔幾公分地擠出寬 1 公分且長 30 公分的條狀麵糊。鋪上冷凍閃電泡芙表層細條。

將烤盤置於（靜態）烤箱一半的高度，以 180℃烘烤閃電泡芙 15 分鐘，烘烤期間勿開啟烤箱門。

5. 製作覆盆子檸檬果醬

將一半的糖和 NH 果膠混合。

用電動攪拌機攪打覆盆子和一半的砂糖 1 分鐘，倒入平底深鍋中，煮沸，加入糖和果膠的混料。

倒入檸檬汁，再煮 10 秒。加入香精（如果有準備的話），測試味道，視需求進行調整。

可將果醬過篩以去籽：這種製作方式是優秀法國甜點師的專長和基本配方。

放涼。

6. 進行組裝

切下閃電泡芙的兩端，製成長 9 公分的圓木。將奶油醬填入裝有細孔花嘴的擠花袋。

在閃電泡芙表皮輕輕拍上少許過篩的椰子粉。

直接在長方形的香草甜酥派皮上進行組裝。

將少量的覆盆子檸檬果醬加在圓木條上。

用烤好的蛋白霜小點進行裝飾。

建議： 可變換口味和顏色，以及柑橘果醬的口味。

趣味情人節 FUNNY VALENTINE

準備時間：5 小時
烘焙時間：30 分鐘
靜置時間：至少 1 個晚上
10 人份

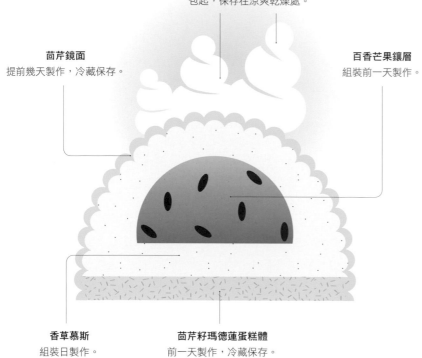

火焰蛋白霜
可提前 1 周製作，以保鮮膜
包起，保存在涼爽乾燥處。

茴芹鏡面
提前幾天製作，冷藏保存。

百香芒果鑲層
組裝前一天製作。

香草慕斯
組裝日製作。

茴芹籽瑪德蓮蛋糕體
前一天製作，冷藏保存。

組裝

兩種作法可選擇：

1. 品嚐前一天進行組裝：組裝前一天製作瑪德蓮蛋糕體和香草鑲層，提前幾天製作鏡
   面和蛋白霜。
   組裝日：製作香草慕斯。進行組裝，冷凍至少 3 小時。品嚐日進行裝飾。冷藏保
   存，品嚐前取出。

2. 可提前組裝木柴蛋糕並冷凍：注意，請將凍至硬化但尚未淋上鏡面的木柴蛋糕仔
   細包好。品嚐日再淋上鏡面，進行裝飾。

記得在木柴蛋糕下方擺上長方形紙板。

材料

1. 茴芹籽瑪德蓮蛋糕體
奶油 50 克
砂糖 120 克
削皮的黃檸檬 1 顆
雞蛋 2 顆
全脂鮮乳 25 克
45 麵粉 125 克
泡打粉 4 克
檸檬汁 5 克
初榨橄欖油 75 克
天然綠色食用色素 1 滴
茴芹 10 克

2. 百香芒果片
吉利丁 2 克
芒果果肉 60 克
百香果果肉 100 克
百香果 3 顆
蛋黃 40 克
雞蛋 45 克
粗紅糖 35 克
奶油 45 克

3. 香草慕斯
吉利丁 4 克
蛋黃 30 克
砂糖 30 克
全脂牛乳 100 毫升
高脂鮮奶油 15 克
香草莢 1 根
香草精 5 克
打發鮮奶油 300 克

4. 茴芹鏡面
吉利丁 8 克
水 55 克
砂糖 110 克
葡萄糖 110 克
甜煉乳 75 克
（法芙娜）調溫白巧克力 125 克
QS 白色、檸檬黃和開心果綠食用
　色素

5. 最後修飾
火焰狀蛋白霜

工具
24 公分的 SILIKOMART® 木柴蛋糕
　模 1 個
8×24 公分的長方形蛋糕模 1 個
不鏽鋼曲型抹刀 1 把
料理溫度計 1 支
寬 4 公分的定型模 1 個
玻璃紙

1. 製作茴芹籽瑪德蓮蛋糕體

烤箱預熱至 170℃。

取平底深鍋，以小火將奶油加熱至融化，接著放涼。

將蛋和糖倒入沙拉攪拌盆中，用打蛋器攪拌，接著加入檸檬皮和融化的奶油。加入牛乳、檸檬汁、橄欖油和食用色素。輕輕混入過篩的麵粉和泡打粉。仔細將混料攪拌至平滑。最後加入茴芹籽並拌勻。

在長 24 公分（理想長度）的方形蛋糕模內刷上奶油並撒上麵粉，接著倒入麵糊。

放入烤箱烤約 30 分鐘。用刀插入蛋糕，以檢查熟度：若麵糊不沾黏刀身，表示蛋糕已烤好。

放涼，接著將蛋糕縱切成厚 1 公分的片狀。

2. 製作百香芒果鑲層

將吉利丁浸泡在非常冰涼的冷水中。

取平底深鍋，將果肉、百香果、蛋黃、雞蛋和粗紅糖煮至 72℃。

加入擰乾的吉利丁，接著在混料達 60℃時，混入小塊的奶油。拌勻。

倒入鋪有保鮮膜的定型模中，冷凍。

3. 製作香草慕斯

將吉利丁浸泡在冰涼的冷水中。

攪打蛋黃和砂糖。

取平底深鍋，將牛乳、高脂鮮奶油、香草莢和香草精煮沸，倒入蛋黃和糖的混料中。煮至 82℃。混入擰乾的吉利丁。

放涼，但不要放至凝固，接著加入打發鮮奶油。

4. 製作茴芹鏡面

將吉利丁浸泡在冰涼的冷水中。

取平底深鍋，放入水、糖和葡萄糖製作糖漿。

加入煉乳，接著是擰乾的吉利丁。在糖漿達 85℃時，混入巧克力並攪成均勻的混料。加入食用色素，形成漂亮的顏色，用 Bamix® 小型手持式電動攪拌棒攪打至平滑。

5. 進行組裝與擺盤

木柴蛋糕模內鋪上保鮮膜、玻璃紙或塑膠紙，或最簡單的烤盤紙。

在鋪好膜紙的模型內壁鋪上 4 公分厚的香草慕斯，在中央擺上水果鑲層，接著加入剩餘的慕斯。

抹平後擺上茴芹籽瑪德蓮蛋糕體並按壓。

冷凍幾小時，或冷凍 1 個晚上。

微波加熱鏡面。將木柴蛋糕脫模，移去膜紙，用小型的食物調理機將鏡面攪打至平滑，接著將鏡面淋在尚未解凍的木柴蛋糕上。冷凍凝固。可再淋上第 2 次鏡面，以維持理想的穩定度，但這並非必要。

最後在木柴蛋糕頂端裝飾上小小的白色蛋白霜火焰。

PETITE POMME
小蘋果

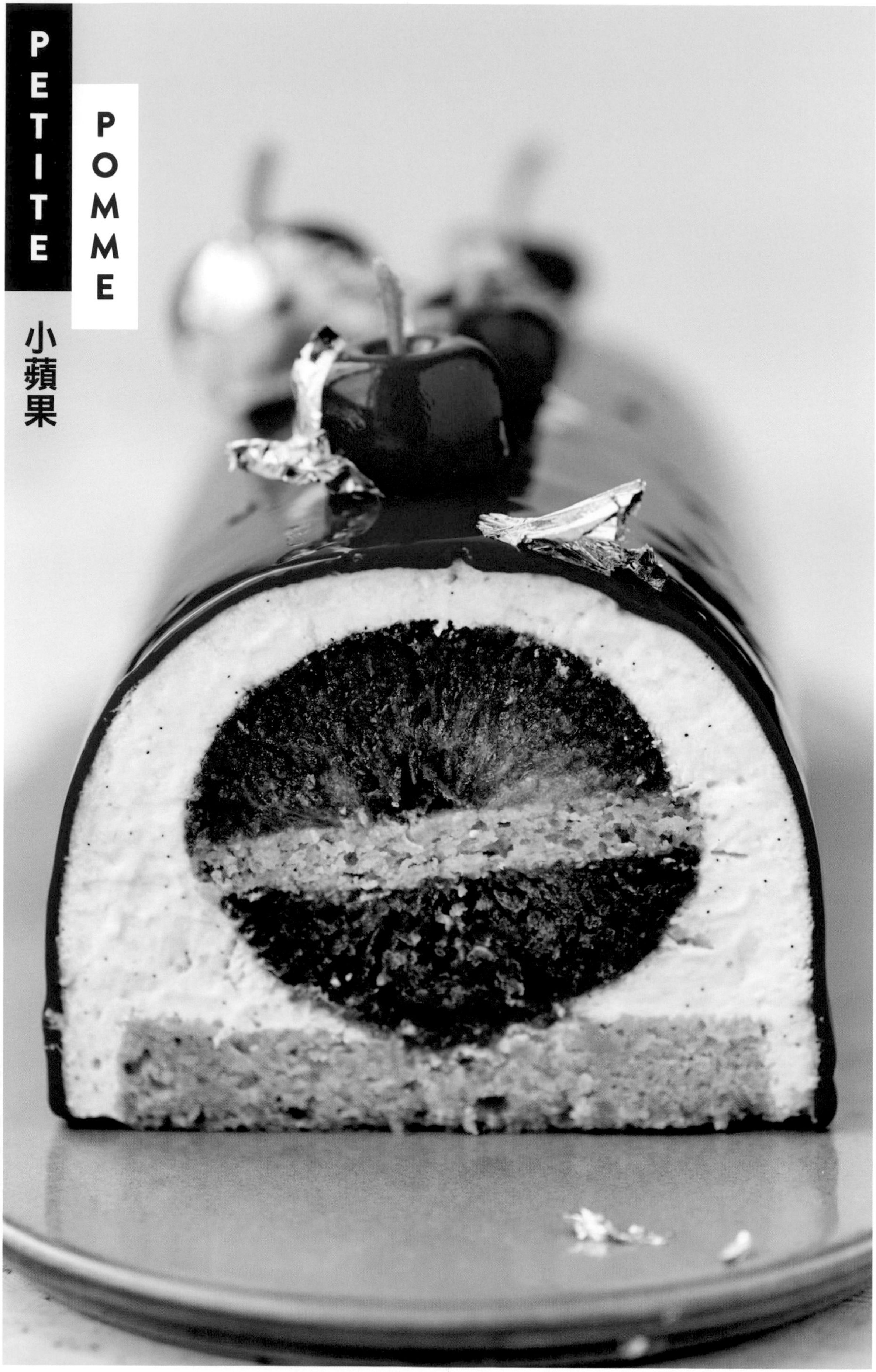

小蘋果 PETITE POMME

準備時間：5 小時
烘焙時間：2 小時
10 人份

材料

1. 瑪德蓮蛋糕體
奶油 50 克
雞蛋 2 顆
砂糖 120 克
黃檸檬皮 1 顆份量
牛乳 25 克
檸檬汁 5 克
初榨橄欖汁 75 克
天然綠色食用色素 1 滴
T45 麵粉 125 克
泡打粉 4 克

2. 蘋果覆盆子紅醋栗鑲層
金冠（GOLDEN）蘋果 6 顆
覆盆子果泥 100 克
紅醋栗果泥 100 克
果膠粉（Vitpris）3 克

3. 香草慕斯
吉利丁 5 克
全脂牛乳 250 毫升
香草莢 1 根
蛋黃 90 克
砂糖 50 克
打發鮮奶油 225 克

4. 紅色鏡面
吉利丁 15 克
水 125 毫升
砂糖 225 克
葡萄糖 225 克
煉乳 150 克
（法芙娜）調溫白巧克力 250 克
脂溶性紅色食用色素 5 克

5. 小蘋果
水 100 毫升
砂糖 300 克
葡萄糖 30 克
QS 水溶性紅色食用色素
呂貝克杏仁膏（杏仁含量 53%）
150 克

6. 蘋果梗
軟奶油 50 克
蛋白 50 克
糖粉 50 克
T45 麵粉 50 克

7. 最後修飾
金箔

工具
24 公分的木柴蛋糕模 1 個
24 公分的長方形蛋糕模 1 個
寬 5 公分的定型模 2 個
2 公釐圓口花嘴的擠花袋 1 個
玻璃紙

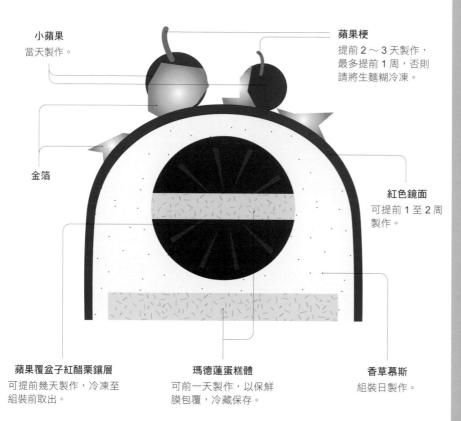

小蘋果
當天製作。

蘋果梗
提前 2～3 天製作，
最多提前 1 周，否則
請將生麵糊冷凍。

金箔

紅色鏡面
可提前 1 至 2 周
製作。

蘋果覆盆子紅醋栗鑲層
可提前幾天製作，冷凍至
組裝前取出。

瑪德蓮蛋糕體
可前一天製作，以保鮮
膜包覆，冷藏保存。

香草慕斯
組裝日製作。

組裝

兩種作法可選擇：

1. 提前幾天製作紅醋栗鑲層、鏡面和蘋果梗，前一天製作蛋糕體。當天製作慕斯。進行組裝，冷凍至少 3 小時，在尚未解凍時淋上鏡面，接著裝飾。

2. 提前組裝木柴蛋糕並冷凍。將冷凍至硬化的未裝飾蛋糕仔細包好。品嚐當天進行裝飾。

記得在木柴蛋糕下方擺上長方形紙板。

1. 製作瑪德蓮蛋糕體

烤箱預熱至 170℃。

取平底深鍋，以小火將奶油加熱至融化，接著放涼。

在沙拉攪拌盆中倒入雞蛋和糖，用打蛋器攪拌，接著加入檸檬皮和融化的奶油。加入牛乳、檸檬汁、橄欖油和食用色素。輕輕混入過篩的麵粉和泡打粉。仔細將混料攪拌至平滑。

如果可以的話，請盡量選擇長 24 公分的長方形蛋糕模，刷上奶油並撒上麵粉，倒入麵糊。

放入烤箱烤約 30 分鐘。用刀插入蛋糕，檢查熟度：若麵糊不沾黏刀身，表示蛋糕已烤好。

放涼，接著將蛋糕縱切成厚 1 公分的片狀。

2. 製作蘋果覆盆子紅醋栗鑲層

若你的木柴蛋糕定型模為馬口鐵材質，那麼在模型內壁鋪上保鮮膜就很重要，否則在烘烤時，模型會使果泥氧化，顏色會變灰。

將金冠蘋果削皮，橫切成兩半，去籽後擺在混有果膠粉的果泥外側。蓋上鋁箔紙。

用烤箱以 160℃烘烤至蘋果變軟：計時約 1 小時 30 分鐘。

放涼，用尺按壓，以去除多餘的果汁，瀝乾後冷凍。

3. 製作香草慕斯

將吉利丁浸泡在冰涼的冷水中。

取平底深鍋，放入牛乳和剖半並去籽的香草莢煮沸。

攪打蛋黃和糖。倒入熱牛乳，拌勻。

移至平底深鍋，煮至奶油醬變得濃稠且可附著於匙背上，約 82℃。混入擰乾的吉利丁。

放涼後混入打發鮮奶油。

4. 製作紅色鏡面

將吉利丁浸泡在冰涼的冷水中。

取平底深鍋，將水、糖和葡萄糖煮沸。

離火後加入煉乳，接著是擰乾的吉利丁。

接下來逐量倒入調溫白巧克力，和紅色食用色素一起以電動攪拌機攪打。

放涼。

在鏡面變得略為濃稠時使用。

蛋糕上的第 1 層鏡面凝固後，再淋上第 2 層鏡面。

5. 製作小蘋果

取平底深鍋，放入水、糖和葡萄糖製作淺焦糖，接著加入紅色食用色素。

用杏仁膏揉製小球，插在牙籤上，接著浸入紅色焦糖中。

放涼，將牙籤取出，接著用幾片金箔裝飾。

將小蘋果保存在不會受潮的地方。

6. 製作蘋果梗

攪拌膏狀奶油，接著逐步和蛋黃和糖粉混合。加入過篩的麵粉。

將麵糊裝入圓錐形紙袋或裝有直徑 2 公釐圓口花嘴的擠花袋。

在不沾紙或特福（Tefal®）烤盤上擠出細長的麵糊。

放入烤箱以 160℃烤至略呈淺棕色。

接著從牙籤的位置插入焦糖小蘋果中。

7. 組裝與最後修飾

24 公分的木柴蛋糕定型模內鋪上玻璃紙。

在模型底部倒入香草慕斯，加上蘋果片、薄薄一層慕斯、一片寬 4～5 公分且長 24 公分的蛋糕體、再一層薄薄的慕斯、第二片反面的蘋果鑲層，最後一層慕斯，最後再加上一片寬 7 公分且長 24 公分的蛋糕體。

將木柴蛋糕冷藏 1 小時，接著冷凍。

冷凍凝固後，脫模，擺在置於容器內的網架上，淋上紅色鏡面。

請注意，如果讓木柴蛋糕在外面靜置過久才淋上鏡面，木柴蛋糕表面會結霜，鏡面便無法附著。

在表面加上焦糖小蘋果後再享用。

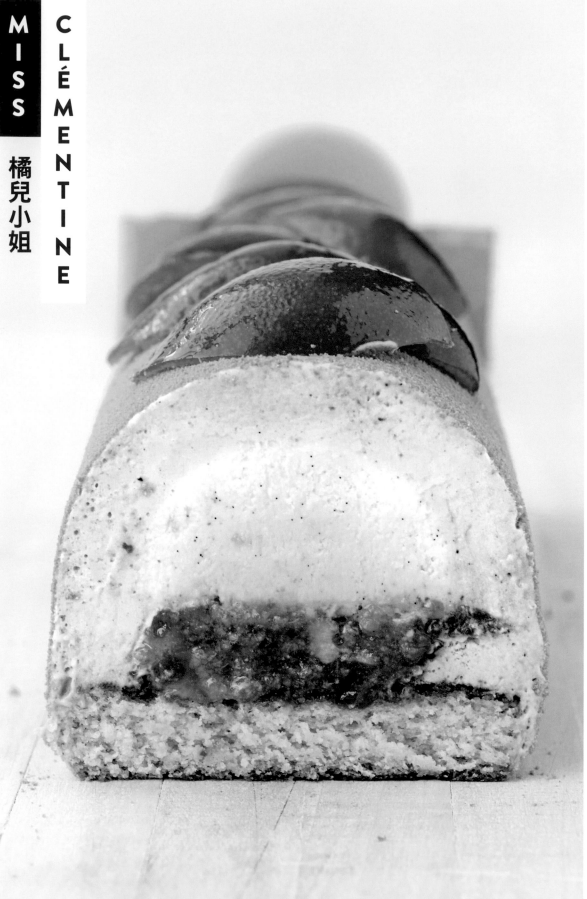

準備時間：5 小時
烘焙時間：3 小時 10 分鐘
靜置時間：2 個晚上
10 人份

材料

1. 糖漬小柑橘
克里曼丁紅橘（CLÉMENTINES）
　200 克
水 150 毫升
克里曼丁紅橘果汁 150 毫升
砂糖 150 克

2. 小柑橘果漬
克里曼丁紅橘 300 克
砂糖 160 克
NH 果膠 6 克

3. 香草奶油醬
吉利丁 3 克
全脂液狀鮮奶油 190 克
全脂牛乳 75 毫升
香草莢 1/2 根
蛋黃 60 克
白糖（SUCRE CRISTAL）65 克

4. 蜂蜜杏仁軟蛋糕體
榛果（焦化）奶油 30 克
65% 杏仁膏 90 克
砂糖 65 克
科西嘉（CORSE）蜂蜜 25 克
雞蛋 110 克
T45 麵粉 35 克
泡打粉 1 克

5. 浸泡糖漿
克里曼丁紅橘果汁 100 毫升
砂糖 25 克
克里曼丁紅橘果皮 1 顆份量

6. 栗子沙巴雍慕斯
吉利丁 3 克
栗子奶油醬 30 克
糖漬栗子醬 75 克
蛋黃 35 克
砂糖 20 克
水 15 克
棕色蘭姆酒 15 克
打發鮮奶油 190 克

7. 橘絲絨
可可脂 200 克
（法芙娜）調溫白巧克力 200 克
QS 脂溶性橘色食用色粉（或紅色和
　黃色）

工具

24 公分的木柴蛋糕模 1 個
寬 4 或 5 公分的定型模 1 個
料理溫度計 1 支
玻璃紙
Wagner 蛋糕巧克力噴槍 1 枝
細孔濾布 1 張
抹刀 1 支

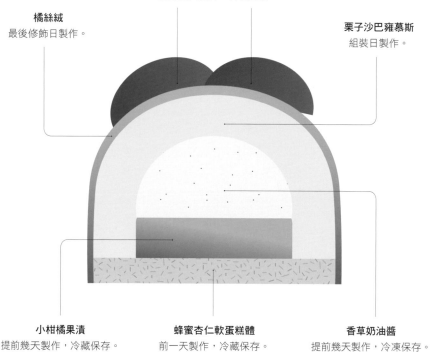

橘絲絨
最後修飾日製作。

糖漬小柑橘
提前幾天製作，冷藏保存。

栗子沙巴雍慕斯
組裝日製作。

小柑橘果漬
提前幾天製作，冷藏保存。

蜂蜜杏仁軟蛋糕體
前一天製作，冷藏保存。

香草奶油醬
提前幾天製作，冷凍保存。

組裝

兩種作法可選擇：

1. 提前以不同階段進行，前一天製作蛋糕體，當天製作沙巴雍慕斯。進行組裝，接著
   以糖漬小柑橘製作最後裝飾。

2. 提前組裝木柴蛋糕並冷凍。將冷凍至硬化的未裝飾蛋糕仔細包好。
   品嘗當天進行裝飾。為了進行最後裝飾，請將尚未解凍的蛋糕噴上霧面，接著再擺
   上糖漬小柑橘。

也要記得在木柴蛋糕下方擺上長方形紙板。

1. (前一天) 製作糖漬小柑橘

在微滾的水中燙煮整顆克里曼丁紅橘 1 小時，以去除果皮的苦澀。

接著瀝乾，切成相等大小的 4 塊果瓣，加入水、果汁和糖，以極小的火將湯汁收乾 20 分鐘，形成略為糖漬的果瓣。

理想上，最好讓果瓣浸泡在糖漿中 1 個晚上。接著再將這些果瓣擺在網架上 1 個晚上，讓果瓣充分瀝乾。可將糖漬小柑橘裝進果醬罐中儲存，或是預先瀝乾後冷凍保存。

2. 製作小柑橘果漬

在微滾的水中燙煮整顆克里曼丁紅橘 1 小時，以去除果皮的苦澀。

接著瀝乾，切成小塊，和混有果膠的糖一起以中火燉煮 30 分鐘。檢查濃稠度，將這混料的一小坨擺在冷的盤子上，應稍微凝固。

3. 製作香草奶油醬

將吉利丁浸泡在非常冰涼的冷水中。

取平底深鍋，以中火加熱鮮奶油、牛乳和剖半的香草莢。加入蛋黃和糖的混料，煮至 85℃。混入擰乾的吉利丁，倒入鋪有玻璃紙的定型模：利於脫模。

整個放入冰箱冷凍至木柴蛋糕組裝日。

否則可將奶油醬倒入鋪有保鮮膜的 24 公分方形蛋糕模中。

4. 製作蜂蜜杏仁軟蛋糕體

烤箱預熱至 160℃。

將奶油煮滾，讓奶油變成金黃色，預留備用。

混合杏仁膏、糖和蜂蜜。逐量混入雞蛋，最後加入加熱過的榛果奶油。

接著加入過篩的混料、麵粉和泡打粉。

在鋪有烤盤紙的有邊烤盤上，倒入蛋糕體麵糊均勻鋪成 1 公分厚。

放入烤箱烤 20 幾分鐘。

出爐時，將蛋糕體切成長 24 公分的 2 條蛋糕：1 條寬 3 公分，1 條寬 8 公分。

5. 製作浸泡糖漿

將克里曼丁紅橘榨汁，加入糖和果皮，稍微加熱，冷藏保存。

6. 打發栗子沙巴雍慕斯

將吉利丁浸泡在非常冰涼的冷水中。

隔水加熱以下幾項材料至 60℃：栗子奶油醬、糖漬栗子醬、蛋黃、糖和水。

用電動攪拌機攪打 10 分鐘，形成乳霜狀慕斯。

以小火加熱蘭姆酒和擰乾的吉利丁，加入少許栗子等備料，拌勻，再加入少許沙巴雍，快速攪打，倒入剩餘的沙巴雍，接著是打發鮮奶油，快速混合所有材料。

7. 製作橘絲絨

前一天先將蛋糕巧克力噴槍擺在溫熱處。

將可可脂和調溫巧克力微波加熱至融化，混料取 1 大匙倒入橘色食用色粉中，拌勻，形成柔軟的麵糊，這讓脂溶性食用色素可充分混入，接著用小型的手持式電動攪拌棒攪打所有材料。用細孔濾布過濾混料，保存在 35℃的溫度。

若你的烤箱可以調至 30~35℃，請將備料和噴槍放入烤箱，可避免混料硬化。

8. 進行組裝

木柴蛋糕模內鋪上保鮮膜、玻璃紙或塑膠紙，或最簡單的烤盤紙。

在鋪有膜紙的模型內壁鋪上栗子沙巴雍慕斯至 2 公分的厚度。

填入冷凍的香草奶油醬。

在奶油醬表面擺上 1 條寬 3 公分的蛋糕體，仔細按壓，刷上少許糖漿。

用擠花袋沿著蛋糕的長邊擠上冰涼的小柑橘果漬。抹平，接著再加上寬 8 公分、長度同模型的蛋糕體，刷上少許糖漿。

冷凍保存至少 1 個晚上，脫模，將木柴蛋糕擺在烤盤上，為木柴蛋糕噴上染色的可可脂和白巧克力，做成霧面。

將木柴蛋糕擺在略大於木柴蛋糕底部的紙板上，以免受到撞擊！紙板中央擺上少許小柑橘果漬，可避免蛋糕滑動。

用瀝乾的糖漬小柑橘進行裝飾。

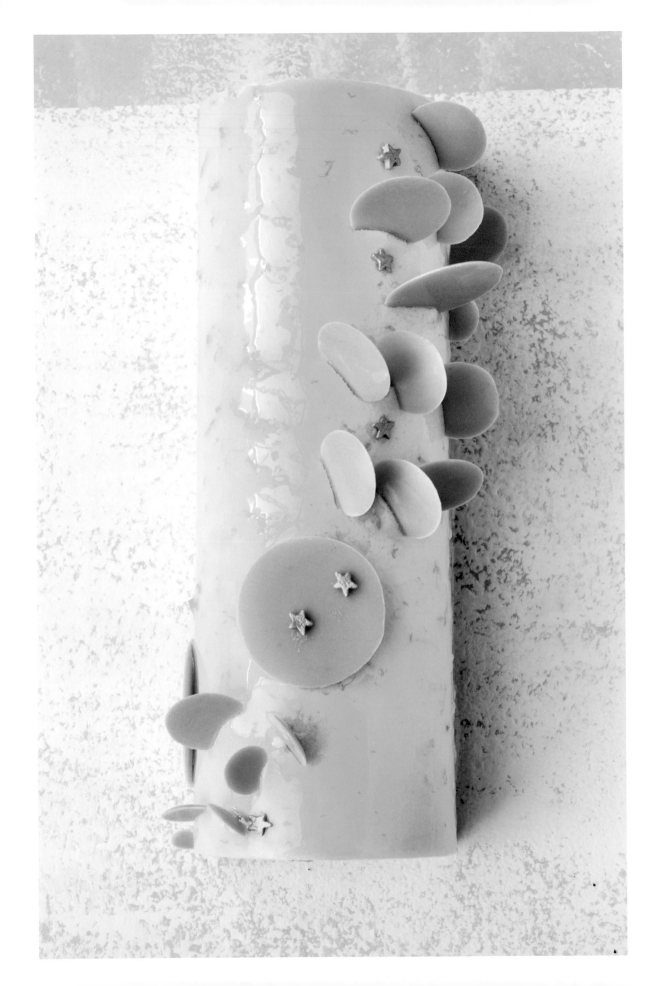

準備時間：5 小時
烘焙時間：15 至 20 分鐘
靜置時間：1 個晚上
10 人份

材料

1. 椰子蛋糕體
蛋白 100 克
砂糖 50 克
杏仁粉 45 克
椰子絲 45 克
粗紅糖 75 克
T45 麵粉 20 克

2. 青檸鳳梨果漬
新鮮鳳梨 325 克
青檸檬皮 1/2 顆
果膠 5 克
砂糖 60 克
蘭姆酒 4 克
綠色和黃色食用色素

3. 檸檬鳳梨奶油醬
吉利丁 4 克
新鮮鳳梨 100 克
青檸檬汁 80 克
青檸檬皮 1 顆
雞蛋 70 克＋蛋黃 15 克
砂糖 55 克
奶油 70 克
蘭姆酒 4 克

4. 椰子慕斯
吉利丁 6 克
椰奶或椰子泥 120 克
可可脂含量 35% 的白巧克力 210 克
打發鮮奶油 240 克

5. 果膠鏡面
吉利丁 10 克
水 150 毫升
砂糖 200 克
檸檬皮 1/4 顆
用過的香草莢 1 根
綠色和黃色的食用色素

6. 最後修飾
黃巧克力圓片

工具

24 公分的木柴蛋糕模 1 個
料理溫度計 1 支
寬 4 至 5 公分的定型模 1 個
網篩 1 個
7×24 公分的方形慕斯圈 1 個
玻璃紙
略大於木柴蛋糕的紙板 1 張

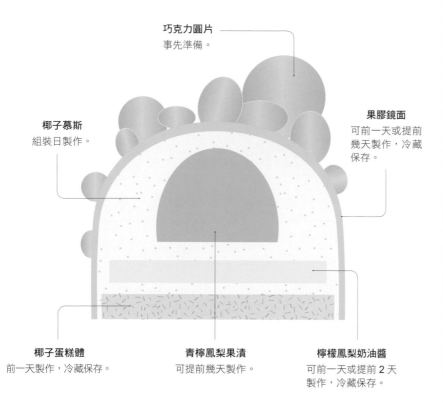

巧克力圓片
事先準備。

果膠鏡面
可前一天或提前
幾天製作，冷藏
保存。

椰子慕斯
組裝日製作。

椰子蛋糕體
前一天製作，冷藏保存。

青檸鳳梨果漬
可提前幾天製作。

檸檬鳳梨奶油醬
可前一天或提前 2 天
製作，冷藏保存。

組裝

三種作法可選擇：

1. 前一天，準備好所有材料，確保一切就緒。當天，製作椰子慕斯。進行組裝和裝飾。

2. 為組裝日提前準備好所有材料。木柴蛋糕組裝完成後，請冷凍保存至品嚐日。組裝當天，為蛋糕淋上鏡面並進行裝飾。
記得在木柴蛋糕下方擺上長方形紙板。

3. 亦可將已裝飾好的木柴蛋糕冷凍保存至品嚐日（約 1 星期）。在這種情況下，請放入紙盒或隔熱盒中冷凍，以免損壞。
冷藏幾小時後再品嚐。

1. 製作椰子蛋糕體

烤箱預熱至 180℃。

一開始,先將蛋白和砂糖打發。

小心倒入杏仁粉、椰子絲、粗紅糖和麵粉的混料。

將形成的麵糊倒入鋪有烤盤紙的烤盤,鋪成寬 10 公分、長 40 公分且厚 12 公釐的麵糊。

放入烤箱烤 15 至 20 分鐘。

2. 製作青檸鳳梨果漬

鳳梨去皮並切成小丁,用電動攪拌機將一半的鳳梨丁攪打成果泥,加入青檸檬皮和剩餘的鳳梨丁。浸泡幾分鐘。

在平底深鍋中將果漬煮沸,加入 50℃ 的果膠和糖的混料。煮至小滾,離火,用電動攪拌機攪打至細碎。冷藏保存。

加入蘭姆酒和幾滴的食用色素。

倒入寬 4 至 5 公分的定型模塑形。放進冰箱冷凍。

3. 製作檸檬鳳梨奶油醬

將吉利丁浸泡在冰涼的冷水中。

用電動攪拌機攪打鳳梨、青檸檬汁和檸檬皮。

將果泥倒入平底深鍋,煮沸。加入雞蛋、蛋黃和糖。煮沸,接著混入擰乾的吉利丁。

將全部材料過篩,形成均勻的混料。

混料達 40℃ 時混入奶油和蘭姆酒。

用電動攪拌機將混料攪打至平滑。倒入 7×24 公分的方形慕斯圈。放入冰箱冷凍。

4. 椰子慕斯

將吉利丁浸泡在冰涼的冷水中。

取平底深鍋,以小火加熱椰子泥或椰奶,加入擰乾的吉利丁。接著分 2 次將熱的備料倒入白巧克力中。攪拌成平滑的甘那許。

甘那許達 35℃ 時(如有需要可加熱),混入打發鮮奶油。輕輕將所有材料拌勻。

5. 製作果膠鏡面

將吉利丁浸泡在冰涼的冷水中。

在平底深鍋中倒入 150 毫升的水、砂糖和檸檬皮。加入剖半並去籽的香草莢,煮沸,接著關火。接著混入擰乾的吉利丁和食用色素。用打蛋器輕輕攪拌。用細孔濾器過濾所有材料。冷藏保存。

6. 進行組裝

木柴蛋糕模內鋪上保鮮膜、玻璃紙或塑膠紙,或最簡單的烤盤紙。

在鋪有膜紙的模型內壁鋪上椰子慕斯至 4 公分的厚度。

填入冷凍的青檸鳳梨鑲層。

用擠花袋沿著蛋糕的長邊擠上少許剩餘的椰子慕斯,抹平,擺上冷凍的青檸鳳梨鑲層,接著是寬 8 公分、長度同模型的蛋糕體,鋪上剩餘的奶油醬並抹平。

冷凍至少 1 個晚上,脫模,將木柴蛋糕擺在烤盤上,為木柴蛋糕淋上染色的鏡面。

接著將木柴蛋糕擺在略大於木柴蛋糕底部的紙板,以免受到撞擊!

紙板中央擺上少許鏡面,可避免蛋糕滑動。

最後用黃巧克力圓片進行裝飾。

TAKA RUDOLPHE

紅鼻子魯道夫

紅鼻子魯道夫

TAKA RUDOLPHE

日本 Henri Charpentier 甜點店主廚
Takahiro Komai 的木柴蛋糕

準備時間：4 小時
烘焙時間：30 至 45 分鐘
靜置時間：至少 2 小時
10 人份

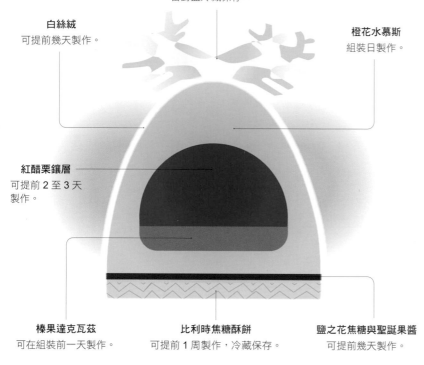

巧克力裝飾
可提前幾天製作，以
密封盒冷藏保存。

白絲絨
可提前幾天製作。

橙花水慕斯
組裝日製作。

紅醋栗鑲層
可提前 2 至 3 天
製作。

榛果達克瓦茲
可在組裝前一天製作。

比利時焦糖酥餅
可提前 1 周製作，冷藏保存。

鹽之花焦糖與聖誕果醬
可提前幾天製作。

組裝

三種作法可選擇：

1. 前一天，準備好所有材料，確保一切就緒。當天，製作橙花水慕斯。進行組裝和裝飾。

2. 為組裝日提前準備好所有材料。木柴蛋糕組裝完成後，請冷凍保存至品嚐日。組裝當天，為木柴蛋糕噴上霧面並進行裝飾。
記得在木柴蛋糕下方擺上長方形紙板。

3. 亦可將已裝飾好的木柴蛋糕冷凍保存至品嚐日（約 1 星期）。在這種情況下，請放入紙盒或隔熱盒中冷凍，以免損壞。
冷藏幾小時後再品嚐。

材料

1. 比利時焦糖酥餅
新鮮的蛋 20 克
奶油 100 克
黑糖（vergeoise brune）100 克
砂糖 30 克
全脂牛乳 10 克
T45 麵粉 200 克
泡打粉 5 克
肉桂粉 5 克（可視肉桂品質增加用量）
精鹽 1 克

2. 榛果達克瓦茲
榛果粉 60 克
糖粉 70 克
蛋白 70 克
砂糖 20 克

3. 鹽之花焦糖
砂糖 100 克
葡萄糖 15 克
微溫的全脂液狀鮮奶油 50 克
香草莢 1/2 根
鹽之花 2 克
冷奶油 80 克

4. 聖誕果醬
無花果乾 25 克
黑棗 10 克
杏桃乾 25 克
蘋果汁 85 毫升
水 85 毫升
砂糖 40 克
葡萄乾 10 克
糖漬檸檬 5 克
糖漬柳橙 5 克
柳橙汁 10 克
肉桂粉 1 撮
小豆蔻 1 撮
茴芹 1 撮

5. 橙花水慕斯
蛋黃 150 克
砂糖 80 克
水 50 毫升
吉利丁 10 克
君度橙酒（COINTREAU®）10 克
打發鮮奶油 420 克
香草莢 1 根
高品質橙花水 20 克
切碎的糖漬柳橙 25 克

6. 紅醋栗片
吉利丁 5 克
紅醋栗泥 250 克
砂糖 30 克

7. 最後修飾
白絲絨
手工巧克力裝飾

工具
24 公分的木柴蛋糕模 1 個
料理溫度計 1 支
小型定型模 1 個
5 公釐圓口花嘴的擠花袋 1 個
玻璃紙
略大於木柴蛋糕的紙板 1 張

1. 製作比利時焦糖酥餅

烤箱預熱至 180℃。

將雞蛋打在容器裡，稍微攪打，重約 20 克。

在沙拉攪拌盆中倒入奶油、黑糖、肉桂、鹽和砂糖，拌勻後加入 20 克的雞蛋和牛乳。接著混入麵粉和泡打粉的混料。

輕輕攪拌成平滑的混料。

用保鮮膜將麵糊蓋起，冷藏保存 30 分鐘，讓麵糊再度變得濃稠。

將麵團推平擀成 5 公分厚，切成大小同木柴蛋糕的長方形，將切好的麵皮擺在刷上極少量奶油的烤盤上。

放入烤箱烤 10 至 15 分鐘。

2. 製作榛果達克瓦茲

烤箱預熱至 170℃。

烘焙榛果粉十幾分鐘。

將糖粉過篩至烤盤紙上，加入榛果粉並混合。

將蛋白打成泡沫狀。起泡後，分幾個階段逐量灑上砂糖。蛋白形成蛋白霜後，灑上糖粉、榛果粉的混料，一邊以橡皮刮刀輕輕混合。

蓋上 1 張烤盤紙。

用擠花袋擠出長 24 公分且寬 7 公分的蛋糕體麵糊。

放入烤箱烤 20 至 30 分鐘。蛋糕體應烤至適當的熟度。

3. 製作鹽之花焦糖

將糖和葡萄糖倒入厚底的平底深鍋中，以中火加熱。煮至糖呈漂亮的焦糖色。接著加入微溫的鮮奶油和香草莢，一邊用刮刀輕輕攪拌，以中火熬煮焦糖。在完全混入鮮奶油後，將溫度計插入焦糖中，以便掌握溫度：應顯示為 106℃。

鍋子離火，加入鹽和冰涼的切塊奶油並中止烹煮。混合並用電動攪拌機攪打整整 1 分鐘。

將焦糖倒入潔淨的容器中，常溫下靜置於密封容器中。夏季請冷藏保存。

4. 製作聖誕果醬

將無花果乾、黑棗、杏桃乾切成小塊。

取平底深鍋，將蘋果汁、水和糖煮沸，加入切塊的果乾及剩餘的食材。

靜置 1 個晚上。

隔天煮至稍微變稠，形成果醬。冷藏保存。

5. 製作橙花水慕斯

將蛋黃倒入電動攪拌機的攪拌缸中。

取平底深鍋，將糖和水煮至 118℃。

將糖漿倒入蛋黃中，加入去籽的香草莢，攪打以製作沙巴雍。

將吉利丁和君度橙酒、橙花水混合，加熱讓吉利丁融化，倒入泛白的蛋黃和糖中。加入糖漬柳橙。

在沙巴雍中加入少許的打發鮮奶油，最後再加入剩餘的鮮奶油，輕輕混合，預留備用。

6. 製作紅醋栗鑲層

將吉利丁浸泡在冰涼的冷水中。軟化後，放入平底深鍋中，以小火加熱至融化，接著混入剩餘的所有材料。

倒入鋪有保鮮膜的小型定型模或長方形蛋糕模至 2 公分的厚度。冷藏凝固後再冷凍，以維持良好的穩定度。

7. 進行木柴蛋糕的組裝與裝飾

用裝有 5 公釐花嘴的擠花袋在比利時焦糖酥餅的每一面擠上焦糖。中央擺上少許的聖誕果醬。

木柴蛋糕模內鋪上保鮮膜、玻璃紙或塑膠紙，或最簡單的烤盤紙。

在鋪有膜紙的模型內壁鋪上橙花水慕斯至 4 公分的厚度。

填入紅醋栗鑲層，擺上寬 4 公分且長 24 公分的長方形達克瓦茲。再鋪上橙花水慕斯，接著在橙花水慕斯上擺上塗有聖誕果醬的酥餅，冷凍3小時。

將木柴蛋糕脫模。如同轉啊轉小花生木柴蛋糕（見 137 頁），為蛋糕噴上白色絲絨霧面。

以小鹿形狀的白巧克力裝飾：將白巧克力鋪在烤盤紙上，將預先印好的紙切割成鹿形，再用小刀沿著鹿形紙在巧克力上切割出形狀。製作幾片鹿形巧克力，讓巧克力硬化。撒上糖粉，用少許蜂蜜或葡萄糖黏在木柴蛋糕上。

接著將木柴蛋糕擺在略大於木柴蛋糕底部的紙板上，以免受到撞擊！紙板中央擺上少許焦糖，可避免蛋糕滑動。

ALCANTARA PISTACHE

開心果麖皮蛋糕

ALCANTARA PISTACHE

準備時間：5 小時
烘焙時間：35 至 45 分鐘
10 人份

材料

1. 焦糖抹醬
砂糖 100 克
葡萄糖 15 克
全脂液狀鮮奶油 50 克
香草莢 1/2 根
奶油 80 克
鹽之花 2 克

2. 長方形酥餅
軟奶油 125 克
糖粉 45 克
精鹽 1 克
T45 麵粉 115 克

3. 洋梨鑲層
威廉洋梨 300 克
糖 50 克
果膠 4 克
刨碎的香豆 1/4 顆

4. 開心果達克瓦茲
杏仁粉 40 克
糖粉 45 克
蛋白 50 克
砂糖 15 克
黃色和綠色食用色素 1 滴
西西里開心果醬 10 克

5. 開心果巴伐利亞奶油
吉利丁 5 克
全脂鮮乳 200 毫升
西西里開心果醬 45 克
蛋黃 4 顆
砂糖 40 克
櫻桃酒 5 克
全脂液狀鮮奶油 220 克

6. 焦糖慕斯
吉利丁 3 克
全脂液狀鮮奶油 150 克
蛋黃 2 顆
砂糖 15 克＋ 45 克
水 20 克
牛乳 70 克

7. 綠色鏡面
吉利丁 7 克
水 55 克
糖 110 克
葡萄糖 110 克
甜煉乳 75 克
（法芙娜）調溫白巧克力 125 克
QS 二氧化鈦白色食用色粉、檸檬黃
　和綠色食用色素

8. 裝飾
綠色馬卡龍碎屑

工具

24 公分的木柴蛋糕模 1 個
寬 5 公分的定型模 1 個
料理溫度計 1 支
24 公分的長方形蛋糕模 1 個
玻璃紙
略大於木柴蛋糕的紙板 1 張

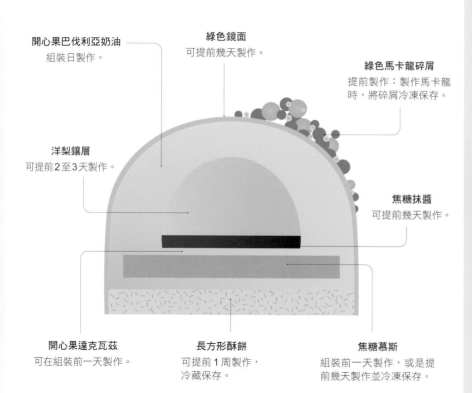

開心果巴伐利亞奶油
組裝日製作。

綠色鏡面
可提前幾天製作。

綠色馬卡龍碎屑
提前製作：製作馬卡龍
時，將碎屑冷凍保存。

洋梨鑲層
可提前 2 至 3 天製作。

焦糖抹醬
可提前幾天製作。

開心果達克瓦茲
可在組裝前一天製作。

長方形酥餅
可提前 1 周製作，
冷藏保存。

焦糖慕斯
組裝前一天製作，或是提
前幾天製作並冷凍保存。

組裝

三種作法可選擇：

1. 前一天，準備好所有材料，確保一切就緒。當天，製作開心果巴伐利亞奶油。進行
組裝和裝飾。

2. 為組裝日提前準備好所有材料。當木柴蛋糕組裝完成，請冷凍保存至品嚐日。組裝
當天，將蛋糕淋上鏡面並進行裝飾。在木柴蛋糕下方擺上長方形紙板。

3. 亦可將已裝飾好的木柴蛋糕冷凍保存至品嚐日（約 1 星期）。在這種情況下，請放
入紙盒或隔熱盒中冷凍。冷藏幾小時後再品嚐。

1. 製作焦糖抹醬

以中火將糖和葡萄糖乾煮至融化且稍微上色。

將液狀鮮奶油和去籽的香草莢一起微波幾秒，或以小型平底深鍋加熱至微溫。分 3 次且小心地倒入焦糖中，用木匙攪拌。

加入奶油和鹽，接著再以中火加熱約十秒，讓焦糖變得濃稠滑順。用電動攪拌機攪打 10 秒。預留備用。

2. 製作長方形酥餅

烤箱預熱至 170℃。

奶油放進沙拉攪拌盆中，用刮刀攪拌成膏狀。

加入糖粉，接著是鹽，快速攪打所有材料。

混入麵粉，攪拌成麵糊。

擺在烤盤紙上。蓋上另一張烤盤紙，按壓表面，接著用擀麵棍擀至約 7 公釐的厚度。

冷凍幾分鐘。

將表面的烤盤紙移除，為麵糊撒上麵粉，倒扣在另一張烤盤紙上，再度撒上少許麵粉——這個動作稱為「撒麵粉」，以免沾黏。

擺在烤盤上，切成 7×25 公分的長方形。

在麵糊非常冰涼且稍微冷凍的情況下，這一切的動作會很容易進行。

放入烤箱以 170℃ 烤 15 至 20 分鐘。

3. 製作洋梨鑲層

洋梨去皮並切成大丁。

將 30 克的糖煮成焦糖，混合剩餘的糖和果膠。

以大火煮洋梨、焦糖和混有果膠的糖。

倒入鋪有保鮮膜的 5 公分寬定型模中塑形，冷凍保存至使用前取出。

4. 製作開心果達克瓦茲

烤箱預熱至 170℃。

仔細為杏仁粉和糖粉過篩。

蛋白中逐量加入砂糖和食用色素，接著將蛋白打發。

用少許蛋白稀釋開心果醬，接著輕輕混入所有材料。

在烤盤上鋪平成寬 5 公分且長 24 公分的麵糊。

放入烤箱烤 20 至 25 分鐘。

再將蛋糕體裁切成適當的大小。

5. 製作開心果巴伐利亞奶油

將吉利丁浸泡在冰涼的冷水中。

取平底深鍋（最好為厚底），以中火將鮮乳和開心果醬煮沸。

攪打蛋黃和糖，但不要攪打至泛白，接著加入開心果牛乳，以小火燉煮，經常以木匙攪拌，直到煮至奶油醬變得濃稠且可附著於木匙上。

這時混入擰乾的吉利丁。

放至幾乎完全冷卻。

接著倒入櫻桃酒，與打發鮮奶油輕輕混合攪拌。

6. 製作焦糖慕斯

將吉利丁浸泡在冰涼的冷水中。

液狀鮮奶油倒入冷藏過的大型容器中。

將蛋黃和 15 克的糖混合，但不要攪拌至泛白。

取平底深鍋，以小火將 45 克的糖乾煮至融化，形成深棕色焦糖。務必要非常注意，因為多煮 5 秒就會過頭……然後就會燒焦。在第 1 次冒煙時混入水並快速攪拌，然後再度加熱所有材料。

將牛乳煮沸。倒入蛋黃中，再全部移至平底深鍋。倒入加水的液態焦糖。以小火煮至如同英式奶油醬，煮至 82℃。

離火，在焦糖英式奶油醬中加入擰乾的吉利丁，用刮刀攪拌，放涼，但混料不應凝固，如果凝固了，請稍微加熱。

經常以打蛋器攪拌液狀鮮奶油，一開始輕輕攪拌，接著越來越快。在鮮奶油可附著於鋼絲上且體積膨脹為 2 倍時停止攪打。

將焦糖英式奶油醬加進打發鮮奶油中，用刮刀拌勻。倒入鋪有膜紙的 24 公分長方形蛋糕模中塑形。放入冰箱冷凍。

7. 製作綠色鏡面

將吉利丁浸泡在冰涼的冷水中。

取平底深鍋，加熱水、糖和葡萄糖，製作糖漿。

再加入煉乳，接著是吉利丁。

糖漿達 85℃ 時混入巧克力，可以形成均勻的混料。加入食用色素並拌勻。

8. 進行木柴蛋糕的組裝與裝飾

木柴蛋糕模內鋪上保鮮膜、玻璃紙或塑膠紙，或最簡單的烤盤紙。

在鋪有膜紙的模型內部表面鋪上開心果巴伐利亞奶油至 2 公分的厚度。整個放入冰箱冷凍 1 小時。

填入開心果巴伐利亞奶油，擺上冷凍的洋梨鑲層。鋪上焦糖抹醬。在中央放上寬 4 公分且長 22 公分的長方形達克瓦茲，將長方形蛋糕模中的焦糖慕斯脫模，接著將長方形慕斯按壓在整個蛋糕表面上。在焦糖慕斯上擺上酥餅，冷凍至少 2 小時。

為木柴蛋糕淋上綠色鏡面，撒上綠馬卡龍碎屑。

接著擺在略大於木柴蛋糕底部的紙板上，以免受到撞擊！

紙板中央擺上少許焦糖，可避免蛋糕滑動。

準備時間：5 小時
烘焙時間：3 小時 40 分鐘
10 人份

材料

1. 草莓汁
草莓 150 克
砂糖 50 克

2. 草莓鑲層
吉利丁 5 克
新鮮草莓果肉 350 克
新鮮馬鞭草 6 克
青檸檬皮 1/2 顆份量

3. 小丑條紋指形蛋糕體
蛋白 5 個
砂糖 140 克
蛋黃 5 顆
T45 麵粉 140 克
QS 覆盆子紅和黃色食用色素
QS 糖粉

4. 檸檬蛋糕體
蛋白 120 克
砂糖 60 克
杏仁粉 70 克
糖粉 40 克
T45 麵粉 20 克
奶粉 5 克
黃檸檬皮 1 顆份量

5. 小丑條紋蛋白霜
小丑條紋糖 125 克
蛋白 75 克
砂糖 75 克
糖粉 75 克

6. 義式蛋白霜
水 40 毫升
砂糖 120 克
蛋白 75 克

7. 青檸奶油醬
吉利丁 7 克
砂糖 10 克
青檸檬汁 110 克
青檸檬皮 1/2 顆份量
義式蛋白霜 200 克
打發液狀鮮奶油 190 克

8. 最後修飾
草莓幾顆
草莓果醬

工具
24 公分的木柴蛋糕模 1 個
小型定型模或長方形蛋糕模 1 個
扁齒花嘴的擠花袋 1 個
8 公釐圓口花嘴的擠花袋 1 個
濾網 1 個
料理溫度計 1 支

草莓
切半並淋上薄薄一層草莓果醬。

小丑條紋蛋白霜
可前一天製作，以保鮮膜包起，冷藏保存。

小丑條紋指形蛋糕體
可前一天製作，以保鮮膜包起，冷藏保存。

青檸奶油醬
在木柴蛋糕的組裝日製作。

草莓汁浸泡檸檬蛋糕體
可提前 1 周製作，以密封盒冷凍保存，或是提前 2 至 3 天製作，冷藏保存。

草莓鑲層
可提前幾天製作，冷凍至組裝前取出。

組裝

兩種作法可選擇：

1. 組裝前一天製作小丑條紋蛋糕體，前一天或提前幾天製作草莓鑲層和草莓汁並冷凍。組裝日製作青檸奶油醬，進行組裝，冷凍 2 小時，接著裝飾。冷藏保存至品嚐前取出。

2. 提前組裝木柴蛋糕並冷凍。在這種情況下，請將凍至硬化但尚未裝飾的木柴蛋糕仔細包好。品嚐當天，將木柴蛋糕解凍（冷藏約 3 小時），接著擺上裝飾。

記得在木柴蛋糕下方擺上長方形紙板。

1.（前一天）製作草莓汁

將草莓和糖一起放入盤中。蓋上保鮮膜，接著放入烤箱，以90℃烤2小時。用濾布過濾草莓，得到清澈透明的草莓汁，保留草莓汁。冷藏保存。

2. 製作草莓鑲層

將吉利丁浸泡在冰涼的冷水中。

加熱一半的草莓果肉和新鮮馬鞭草，用電動攪拌機攪打，浸泡10分鐘，接著過篩所有材料，加入軟化的吉利丁和檸檬皮，稍微加熱，再加入剩餘的果肉。

倒入小型定型模約至3公分的厚度。冷藏凝固後再冷凍，以維持理想的穩定度。

3. 製作小丑條紋指形蛋糕體

可參考18～21頁的步驟說明。

（旋風）烤箱預熱至180℃。

糖逐量倒入蛋白中，將蛋白打發。

蛋白打發後，加入蛋黃。

用橡皮刮刀混入麵粉，將麵糊分成2份，接著在每份麵糊中加入紅色和黃色食用色素。

用裝有扁齒花嘴的擠花袋在不沾紙或烤盤紙上交替擠出粉紅色和黃色的條狀麵糊。用濾網在表面灑上極薄的一層糖粉。

放入烤箱烤7至8分鐘。

接著切成寬17公分且長24公分的條狀。

4. 製作檸檬蛋糕體

（旋風）烤箱預熱至180℃。

糖逐量加入蛋白中糖，將蛋白打發，接著混入杏仁粉、糖粉、麵粉和奶粉的混料，最後再加入檸檬皮。

將蛋糕體麵糊倒進鋪有烤盤紙的烤盤，厚度約至1公分。

放入烤箱烤25至30分鐘。

5. 製作小丑條紋蛋白霜

用擀麵棍將小丑條紋糖稍微壓碎。

逐步將蛋白和砂糖打發，接著以橡皮刮刀拌入糖粉。

用裝有8公釐圓口花嘴的擠花袋在烤盤紙上擠出漂亮的小球。撒上小丑條紋糖碎屑。放入烤箱以100℃烤1小時。

6. 製作義式蛋白霜

取平底深鍋，將水和糖煮至120℃。將備料倒入稍微打發的蛋白中，攪拌至冷卻。

7. 製作青檸奶油醬

將吉利丁浸泡在冰涼的冷水中。吉利丁軟化後，放入平底深鍋，以小火加熱至融化，再加入糖、檸檬汁和檸檬皮，一邊攪拌。

放涼。

加入少量義式蛋白霜，以打蛋器拌勻後加入剩餘的蛋白霜並攪拌。用橡皮刮刀混入打發鮮奶油，全程勿讓備料塌下。

注意！混料非常脆弱：混入奶油醬的檸檬汁必須是冰涼的。

8. 進行組裝和最後修飾

木柴蛋糕模內鋪上條紋指形蛋糕體。

底部擺上青檸奶油醬，加上冷凍的草莓鑲層，再蓋上青檸奶油醬，最後再放上刷有極少量草莓汁的檸檬蛋糕體。

冷凍2小時。

用小丑條紋蛋白霜和切半的草莓進行裝飾，並鋪上薄薄一層的草莓果醬。

冰淇淋蛋糕

GLACÉ

條紋冰淇淋蛋糕

GLACÉ RAYÉ

將 7 個碗放入冰箱冷凍，用來盛裝雪酪。

準備與組裝時間：4 小時
烘焙時間：15 至 20 分鐘
10 人份

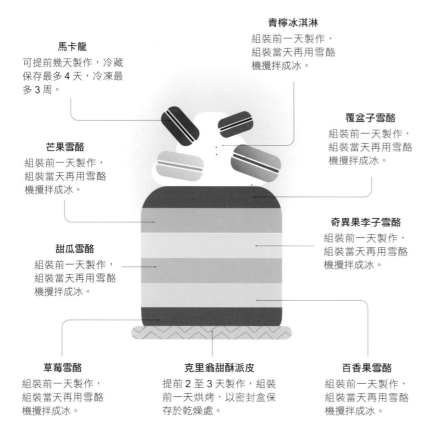

青檸冰淇淋
組裝前一天製作，
組裝當天再用雪酪
機攪拌成冰。

馬卡龍
可提前幾天製作，冷藏
保存最多 4 天，冷凍最
多 3 周。

覆盆子雪酪
組裝前一天製作，
組裝當天再用雪酪
機攪拌成冰。

芒果雪酪
組裝前一天製作，
組裝當天再用雪酪
機攪拌成冰。

奇異果李子雪酪
組裝前一天製作，
組裝當天再用雪酪
機攪拌成冰。

甜瓜雪酪
組裝前一天製作，
組裝當天再用雪酪
機攪拌成冰。

草莓雪酪
組裝前一天製作，
組裝當天再用雪酪
機攪拌成冰。

克里翁甜酥派皮
提前 2 至 3 天製作，組裝
前一天烘烤，以密封盒保
存於乾燥處。

百香果雪酪
組裝前一天製作，
組裝當天再用雪酪
機攪拌成冰。

組裝

三種作法可選擇：

1. 前一天，準備好所有材料，確保一切就緒。當天，用雪酪機將雪酪和冰淇淋攪拌成
   冰。進行組裝，接著放入冰箱冷凍一段時間後進行裝飾。

2. 為組裝日提前準備好所有材料。木柴蛋糕組裝完成後，請冷凍保存至品嚐日（約 2
   周）。組裝當天，進行最後修飾和裝飾。

3. 如果要保存已經裝飾好的木柴蛋糕，請放入紙盒或隔熱盒中冷凍，以免損壞。

記得在木柴蛋糕下方擺上長方形紙板。

材料

1. 克里翁甜酥派皮
軟奶油 120 克
糖粉 80 克
香草糖 1 包
杏仁粉 25 克
精鹽 1 撮
雞蛋 1 顆
T45 麵粉 200 克

2. 覆盆子雪酪
礦泉水 50 毫升
砂糖 50 克
葡萄糖粉 15 克
奶粉 1 克
穩定劑 1 克
覆盆子果肉 250 克（或使用食物調
　理機打碎且過篩的覆盆子）
檸檬汁 15 克

3. 草莓雪酪
砂糖 60 克
佳麗格特（GARIGUETTE）草莓
　300 克
MONIN® 草莓糖漿 25 克

4. 百香果雪酪
水 100 毫升
葡萄糖或砂糖 25 克
砂糖 65 克
穩定劑 1 撮
百香果肉 200 克

5. 奇異果李子雪酪
水 50 毫升
葡萄糖 15 克
砂糖 20 克
穩定劑 1 克
新鮮奇異果肉 165 克
李子白蘭地 5 克

6. 芒果雪酪
水 140 毫升
葡萄糖粉 45 克
砂糖 60 克
穩定劑 1 克
芒果果肉 300 克

7. 青檸冰淇淋
水 100 毫升
全脂牛乳 100 毫升
砂糖 100 克
穩定劑 2 克
青檸檬汁 100 克
青檸檬皮 1/2 顆份量

8. 甜瓜雪酪
砂糖 35 克
葡萄糖粉 10 克
穩定劑 1 克
奶粉 1 克
黃檸檬汁 15 克
甜瓜果肉 250 克

9. 最後修飾
從你最愛的甜點店購買不同口味的
　馬卡龍！

工具

雪酪機 1 台
8×25 公分的方形慕斯圈 1 個
18 公釐圓口花嘴的擠花袋 1 個
噴槍 1 支

1. 製作克里翁甜酥派皮

烤箱溫度預熱至 170℃。

將軟奶油擺在容器中，直接篩上糖粉。

加入香草糖、杏仁粉和鹽。

用刮刀混合所有材料，攪拌成質地均勻的備料。

將雞蛋打進混料中，攪拌。

將麵粉過篩至混料中，持續混合，但不要過度攪拌麵糊。

用保鮮膜包起，冷藏靜置 2 小時。

將麵糊鋪成 24×8 公分的長方形。

放入烤箱以 170℃ 烤 15 至 20 分鐘。

2. 製作覆盆子雪酪

取平底深鍋，將水加熱至 30℃。加入砂糖、葡萄糖、奶粉和穩定劑，煮至微滾，讓砂糖溶解，倒入覆盆子果肉和檸檬汁。放涼。

放入雪酪機裡攪拌成冰。

將雪酪移至冰鎮過的容器，冷凍保存。

3. 製作草莓雪酪

混合糖和草莓果肉，加入草莓糖漿。

用電動攪拌機攪打所有材料並過篩。

放入雪酪機裡攪拌成冰。

將雪酪移至冰鎮過的容器，冷凍保存。

4. 製作百香果雪酪

用水、葡萄糖、糖和穩定劑製作糖漿。

將糖漿加熱至 50℃。

冷卻後，混入百香果肉。

放入雪酪機裡攪拌成冰。

將雪酪移至冰鎮過的容器，冷凍保存。

5. 製作奇異果李子雪酪

用水、葡萄糖、糖和穩定劑製作糖漿。

冷卻後，混入果肉和白蘭地。

放入雪酪機裡攪拌成冰。

將雪酪移至冰鎮過的容器，冷凍保存。

6. 製作芒果雪酪

用水、葡萄糖、糖和穩定劑製作糖漿。

將糖漿加熱至 50℃。

冷卻後，混入芒果果肉 300 克。

放入雪酪機裡攪拌成冰。

將雪酪移至冰鎮過的容器，冷凍保存。

7. 製作青檸冰淇淋

在平底深鍋中將水和牛乳煮至微滾，加入混有砂糖的穩定劑，接著煮滾。放涼，再倒入青檸檬汁和青檸檬皮。用電動攪拌機攪打。

放入雪酪機裡攪拌成冰。

將雪酪移至冰鎮過的容器，冷凍保存。

8. 製作甜瓜雪酪

混合砂糖、葡萄糖粉、穩定劑和奶粉，接著加入檸檬汁和甜瓜果肉的混料中。用電動攪拌機攪打。

放入雪酪機裡攪拌成冰。

將雪酪移至冰鎮過的容器，冷凍保存。

9. 進行組裝

趁雪酪還柔軟，即以雪酪機攪拌成冰之後，立即進行塑形。

用裝有 18 公釐花嘴的擠花袋將草莓雪酪擠在非常冰涼的慕斯圈中，用塑膠方塊將表面抹平，讓表面平整。

立即冷凍。其他雪酪重複同樣步驟。為此，我建議你使用沒有裝滿東西的冷凍庫，從前一天開始調到最冷。

將冷凍蛋糕從冷凍庫中取出。擺在冷酥餅上。用噴槍稍微加熱慕斯圈，將慕斯圈移除。

用裝有聖多諾黑花嘴或其他花嘴的擠花袋將青檸冰淇淋擠在表面進行裝飾。

再冷凍 30 分鐘。

從冷凍庫取出後，用不同的馬卡龍裝飾。

將條紋冰淇淋蛋糕冷凍保存。

品嚐前 10 分鐘從冷凍庫取出。

建議：進行最後修飾時，你可隨時將蛋糕冷凍，以利操作。

在進行所有程序時，你真的需要善用冷凍庫，意即在不同的操作步驟之間，絕不要讓冰箱門開啟超過 3 至 4 秒，因為冷凍庫會快速儲存外部的熱空氣，而且需要一段時間才能釋放……。

組裝這款蛋糕時，冷凍庫就是你的最佳盟友！

SCHLITTE

D' EUGÈNE

尤金的雪橇

尤金的雪橇 SCHLITTE D'EUGÈNE

材料

1. 草莓大黃雪酪
大黃 100 克
砂糖 30 克
穩定劑 1 克
葡萄糖 15 克
草莓果肉 150 克

2. 覆盆子雪酪
礦泉水 50 毫升
砂糖 50 克
葡萄糖粉 15 克
奶粉 1 克
穩定劑 1 克
覆盆子果肉（或打碎並過篩的覆盆子）250 克
檸檬汁 15 克

3. 百香果雪酪
水 100 毫升
葡萄糖（或砂糖）25 克
砂糖 65 克
穩定劑 1 撮
百香果肉 200 克

4. 柳橙雪酪
方糖 80 克
現榨新鮮柳橙汁 250 克
砂糖 25 克
穩定劑 2 克
水 40 毫升

5. 奇異果李子雪酪
水 45 毫升
葡萄糖 15 克
砂糖 20 克
穩定劑 1 克
新鮮奇異果泥 165 克
李子白蘭地 5 克

6. 黃檸檬雪酪
水 125 毫升
牛乳 125 毫升
砂糖 110 克
穩定劑 1 克
黃檸檬汁 125 克

7. 杏桃雪酪
水 100 毫升
葡萄糖 15 克
砂糖 50 克
穩定劑 1 克
杏桃果肉 250 克

8. 焦糖杏仁糖
碎杏仁 100 克
葡萄糖 150 克
砂糖 250 克

9. 最後修飾
小蛋白霜餅

用具

雪酪機 1 台
烤盤墊 1 張
直徑 18 公釐圓口花嘴的擠花袋 1 個

將鋪有保鮮膜的盤子或碟子
（用少許水分沾濕保鮮膜，使其貼附在碟子或盤子上）
以及 6 個準備用來裝雪酪的碗放入冰箱冷凍。

準備與組裝時間：4 小時
烘焙時間：10 分鐘
10 人份

蛋白霜

雪酪
前一天或提前 2 天製作各種雪酪，並用擠花袋緊密地擠在極為冰涼的盤中，立即冷凍。

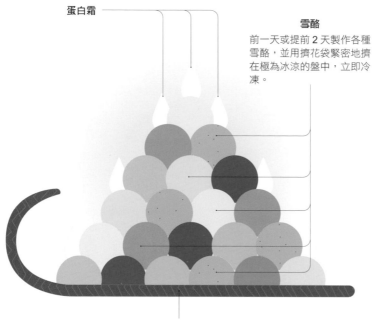

焦糖杏仁糖
可提前幾天製作，在這種情況下，請以密封罐保存在乾燥處。

組裝

兩種作法可選擇：

1. 品嚐日進行組裝。在這種情況下，請在品嚐前一天或前 2 天製作雪酪。品嚐當天進行組裝，接著進行裝飾。

2. 可提前組裝雪橇：在這種情況下，將已裝飾好的雪橇冷凍至硬化後，以盒子保存。

也要記得在木柴蛋糕下方擺上長方形紙板。

雪橇的重量約 900 克。在這道食譜中，我建議要製作比所需更多的雪酪，以利組裝。

1. 製作草莓大黃雪酪

取平底深鍋，燉煮去皮大黃和一半的糖。

燉煮好後，加入糖和穩定劑的混料，以及葡萄糖。

冷卻後加入草莓果肉。以電動攪拌機攪打並過篩。

放入雪酪機裡攪拌成冰。

將雪酪移至冰鎮過的容器中，冷凍保存。

2. 製作覆盆子雪酪

在平底深鍋中，將水加熱至 30℃。加入砂糖、葡萄糖、奶粉和穩定劑；煮至微滾，讓砂糖溶解，倒入覆盆子果肉和檸檬汁。

放涼。

放入雪酪機裡攪拌成冰。

將雪酪移至冰鎮過的容器中，冷凍保存。

3. 製作百香果雪酪

用水、葡萄糖、糖和穩定劑製作糖漿。

將糖漿加熱至 50℃。

冷卻後，混入百香果果肉。

放入雪酪機裡攪拌成冰。

將雪酪移至冰鎮過的容器中，冷凍保存。

4. 製作柳橙雪酪

以方糖塗擦柳橙表面，接著以一半的柳橙汁、2 種糖和穩定劑製作糖漿。

烹煮好後混入剩餘的柳橙汁。

放入雪酪機裡攪拌成冰。

將雪酪移至冰鎮過的容器中，冷凍保存。

5. 製作奇異果李子雪酪

用水、葡萄糖、糖和穩定劑製作糖漿。

冷卻後，混入果肉和白蘭地。

放入雪酪機裡攪拌成冰。

將雪酪移至冰鎮過的容器中，冷凍保存。

6. 製作黃檸檬雪酪

將水和牛乳倒入鍋中煮沸，過濾後，連同糖和穩定劑一起製作糖漿。

冷卻後，加入檸檬汁。

放入雪酪機裡攪拌成冰。

將雪酪移至冰鎮過的容器中，冷凍保存。

7. 製作杏桃雪酪

用水、葡萄糖、糖和穩定劑製作糖漿。加熱至 50℃。

冷卻後，混入杏桃果肉。

放入雪酪機裡攪拌成冰。

將雪酪移至冰鎮過的容器中，冷凍保存。

8. 製作焦糖杏仁糖

可參考第 22 至 24 頁的步驟說明。

烤箱預熱至 170℃。

將碎杏仁倒入烤盤，放入烤箱烤 5 至 7 分鐘，將杏仁稍微烘焙。保溫。

將葡萄糖倒入厚底平底深鍋（最好為銅製），以中火煮至葡萄糖融化。

加入砂糖，持續以中火加熱。糖應轉變為金黃色焦糖。將焦糖煮至稍微上色。

煮好焦糖後，加入溫的碎杏仁，攪拌至焦糖完全包覆杏仁。

全部倒在烤盤墊上（也能倒在稍微上油的工作檯上）。用烤盤墊輔助，將熱的焦糖杏仁團塊均勻鋪成 5 公釐厚。

擺上紙模板，用厚刀裁出雪橇的形狀。

若焦糖杏仁糖冷卻太快，請再放入烤箱烤幾秒。

烤盤墊在這裡非常實用，可以輔助塑形，而不會燙到手指。

9. 進行組裝

用裝有 18 公釐花嘴的擠花袋將各種雪酪緊密地擠在極為冰涼的盤中。立即冷凍。所有的雪酪都重複同樣的程序。為此，我建議自前一天就將冷凍庫盡量清空，並調至最冷。

將裁切好的焦糖杏仁糖擺在盤中冷凍，讓焦糖杏仁糖充分冷凍，如此一來，在擺放雪酪條堆時才不會融化。

幾小時後，在雪酪條充分硬化時，全部疊放在一起（永遠都擺在非常冰涼的盤上），堆成如同森林裡的木柴堆。

用溫熱的大刀將雪酪條的兩端切下，將木柴堆整平。

擺在非常冰涼的焦糖杏仁糖上。

用小蛋白霜餅裝飾。

在進行這一切程序時，你必須善用冷凍庫，意即在不同的操作步驟之間，絕不要讓冰箱門開啟超過 3 至 4 秒，因為冷凍庫會快速儲存外部的熱空氣，而且需要一段時間才能釋放……。

在組裝這道蛋糕時，冷凍庫就是你的最佳盟友！

星夜 NUIT ÉTOILÉE

將鋪有烤盤紙或巧克力造型專用塑膠紙的木柴蛋糕模放入冰箱冷凍。

準備時間：5 小時
（備料與組裝）

烘焙時間：10 至 15 分鐘

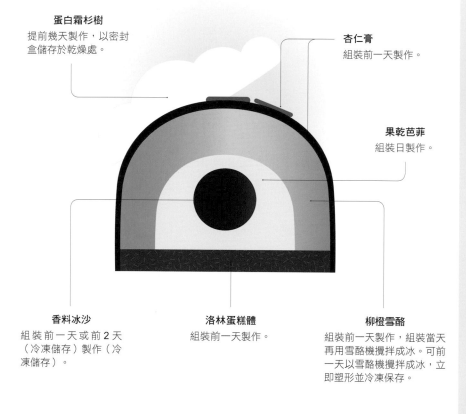

蛋白霜杉樹
提前幾天製作，以密封盒儲存於乾燥處。

杏仁膏
組裝前一天製作。

果乾芭菲
組裝日製作。

香料冰沙
組裝前一天或前 2 天（冷凍儲存）製作（冷凍儲存）。

洛林蛋糕體
組裝前一天製作。

柳橙雪酪
組裝前一天製作，組裝當天再用雪酪機攪拌成冰。可前一天以雪酪機攪拌成冰，立即塑形並冷凍保存。

材料

1. 柳橙雪酪
水 120 毫升
砂糖 75 克
奶粉 12 克
葡萄糖粉 15 克
穩定劑 1 克
血橙果肉 375 克

2. 果乾芭菲
30° 糖漿（砂糖 35 克，水 30 克）65 克
蛋黃 40 克
全脂液狀鮮奶油 200 克
水果乾（椰棗 DATTES、杏桃、葡萄、薑、柳橙、檸檬）30 克
柳橙皮和檸檬皮 1/4 顆份量
棕色蘭姆酒 3 克
柑曼怡白蘭地橙酒（GRAND MARNIER®）4 克
肉桂粉 2 克
香料麵包用香料 2 克
檸檬果醬 30 克

3. 香料冰沙
紅酒 150 克（濃縮至 50 克）
肉桂棒 1/2 根
八角茴香 1 顆
柳橙皮 1/3 顆份量
檸檬皮 1/3 顆份量
香草莢 1/8 根
波特酒 25 克
30° 糖漿（水 10 克，砂糖 15 克）25 克

4. 洛林蛋糕體
蛋白 100 克
砂糖 60 克 (1)
T45 麵粉 70 克
砂糖 60 克 (2)
融化奶油 25 克
即溶咖啡粉 1 小匙

5. 裝飾
杏仁膏 300 克
紫色與橘色食用色素
蛋白霜杉樹

用具
24 公分的木柴蛋糕模 1 個
料理溫度計 1 支
雪酪機 1 台
濾布 1 張
刮刀 1 把

組裝
———

兩種作法可選擇：

1. 最晚在品嚐前一天進行組裝。前 2 天製作蛋糕體、雪酪、冰沙、杏仁膏；模型內部鋪上一層雪酪，冷凍 1 個晚上。蛋白霜杉樹可提前製作。
   品嚐前一天製作芭菲並進行組裝。
   冷凍至少 3 小時，接著製作裝飾。放入冰箱冷凍保存，品嚐前幾分鐘再取出。

2. 可提前 2 至 3 周組裝冰淇淋木柴蛋糕：注意，請將冷凍至硬化的蛋糕仔細包裝好。
   品嚐日進行裝飾。

記得在木柴蛋糕下方擺上長方形紙板。

1. 製作柳橙雪酪

在平底深鍋中倒入水，加熱至 30℃。
加入砂糖、葡萄糖、奶粉和穩定劑，
煮至微滾，讓砂糖溶解，倒入水果果
肉中。用電動攪拌機攪打並預留備
用。

靜置 1 小時。

用雪酪機攪拌成冰，接著冷凍保存。

不可不知：最好趁柳橙雪酪還柔軟
時，為木柴蛋糕進行塑形，即剛以雪
酪機攪拌成冰之後。

2. 製作果乾芭菲

將蛋黃和糖漿隔水加熱至 50 至
55℃，以手持式電動攪拌棒攪打至泛
白，預留備用。

鮮奶油倒入容器中，放進在裝有冰塊
的沙拉攪拌盆中放入容器，倒入鮮奶
油，若有電動攪拌機，可將攪拌缸冷
凍幾分鐘。

攪打鮮奶油，攪打至鮮奶油可穩穩地
附著在打蛋器的鋼條時，停止攪打。

用食物調理機攪打水果乾，逐步加入
其他食材。

接著混入打好的蛋黃和打發鮮奶油。

3. 製作香料冰沙

取平底深鍋，以小火煮酒和香料，煮
至湯汁濃縮後以濾布過濾，加入波特
酒和 30° 的糖漿。

倒入盤中。冷凍幾小時。冰沙硬化
後，切成邊長 2 公分的正方形，再度
冷凍至最後組裝前取出。

4. 製作洛林蛋糕體

烤箱預熱至 190℃。

糖 (1) 逐量倒入蛋白中，攪打至硬性
發泡。加入麵粉和糖 (2) 的混料，一
邊以橡皮刮刀輕輕攪拌，接著混入溫
的融化奶油和即溶咖啡粉。最後再輕
輕攪拌，讓材料均勻混合。

蛋糕體麵糊倒進在鋪有烤盤紙的烤盤
中，將蛋糕體麵糊均勻鋪至 1 公分
厚。用不鏽鋼刮刀整平。

放入烤箱烤 10 至 15 分鐘。取出後置
於網架上放涼。

5. 進行組裝與裝飾

將柳橙雪酪放入鋪有保鮮膜的木柴蛋
糕模中塑形，鋪至 4 公分厚。倒入果
乾芭菲，鋪上冰沙塊，擺上洛林蛋糕
體，直接將木柴蛋糕冷凍。

將蛋糕從冷凍庫中取出後，鋪上以食
用色素染色的杏仁膏並進行裝飾。

布列塔尼之舞

DANSE BRETONNE

將鋪有烤盤紙或玻璃紙的木柴蛋糕模放入冰箱冷凍。

準備時間：5 小時
（備料與組裝）

烘焙時間：25 分鐘
靜置時間：2 個晚上

材料

1. 鹽之花焦糖
砂糖 60 克
溫的全脂液狀鮮奶油 25 克
香草莢 1/4 根
鹽之花 1 克
冷奶油 40 克
棕色蘭姆酒 5 克

2. 胡桃蛋糕體
蛋黃 1 顆
小型蛋 1 顆
砂糖 80 克 (1)
馬鈴薯澱粉 35 克
麵粉 10 克
蛋白 3 個
砂糖 80 克 (2)
切碎的胡桃 100 克

3. 香草冰淇淋
大溪地香草莢 1 根
全脂牛乳 500 毫升
砂糖 50 克 (1)
奶粉 25 克
轉化糖漿 20 克
穩定劑 1 克
軟奶油 20 克
蛋黃 80 克
砂糖 50 克 (2)

4. 鹽味奶油焦糖冰淇淋
全脂液狀鮮奶油 60 克
全脂牛乳 350 毫升
鹽之花 3 克
砂糖 125 克 (1)
蛋黃 115 克
砂糖 30 克 (2)

5. 咖啡冰淇淋
全脂鮮乳 500 毫升
咖啡豆 125 克
粗紅糖 100 克
穩定劑 2 克
新鮮雞蛋 2 顆
蛋黃 4 顆
雀巢咖啡 3 克
奶油 50 克

6. 白絲絨
可可脂 200 克
白巧克力 200 克

7. 組裝和最後修飾
烘焙榛果 20 克
烘焙碎核桃仁 20 克
裝飾用堅果

用具
長 24 公分、寬 8 公分且高 6 至 7 公
　分的木柴蛋糕模 1 個
玻璃紙
料理溫度計 1 支
12×30 公分的方形慕斯圈 1 個
漏斗型網篩 1 個
雪酪機 1 台
手持式電動攪拌棒 1 個
聖多諾黑花嘴的擠花袋 1 個
擺放木柴蛋糕的紙板 1 張

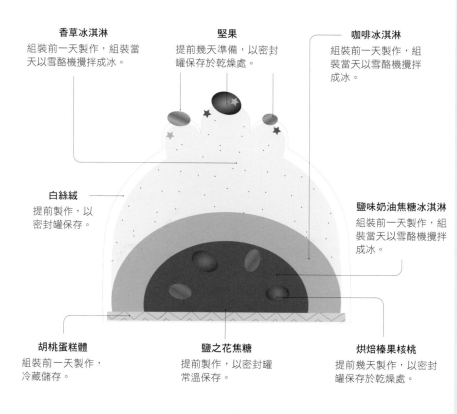

香草冰淇淋
組裝前一天製作，組裝當天以雪酪機攪拌成冰。

堅果
提前幾天準備，以密封罐保存於乾燥處。

咖啡冰淇淋
組裝前一天製作，組裝當天以雪酪機攪拌成冰。

白絲絨
提前製作，以密封罐保存。

鹽味奶油焦糖冰淇淋
組裝前一天製作，組裝當天以雪酪機攪拌成冰。

胡桃蛋糕體
組裝前一天製作，冷藏儲存。

鹽之花焦糖
提前製作，以密封罐常溫保存。

烘焙榛果核桃
提前幾天製作，以密封罐保存於乾燥處。

組裝

三種作法可選擇：

1. 前一天，準備好所有材料，確保一切就緒。當天，以雪酪機製作冰淇淋。進行組裝，經過充分冷凍後再進行最後裝飾。

2. 為組裝日提前準備好所有材料。木柴蛋糕組裝後，請冷凍保存至品嚐日（約 2 周）。組裝當天，為木柴蛋糕淋上鏡面並進行裝飾。

3. 亦可將已淋上鏡面且裝飾好的木柴蛋糕冷凍保存。在這種情況下，請放入紙盒或隔熱盒中冷凍，以免損壞。

記得在木柴蛋糕下方擺上長方形紙板。

1. 製作鹽之花焦糖

將糖倒入厚底平底深鍋中，以中火加熱。再轉小火，煮至糖形成漂亮的焦糖色。

接著加入溫的鮮奶油和去籽香草莢，用刮刀輕輕攪拌以稀釋焦糖。鮮奶油完全混入焦糖後，將溫度計插入焦糖中以掌握烹煮狀況：溫度應標示為106℃。

將鍋子離火，加入鹽和冰涼的切塊奶油並中止烹煮。

攪拌並用電動攪拌機攪打整整1分鐘。

將焦糖倒入乾淨的容器中，常溫下靜置於密閉容器（夏季時請冷藏保存）。

加入蘭姆酒和烘焙核桃。

2. 製作胡桃蛋糕體

烤箱預熱至180℃。

在沙拉攪拌盆中攪拌蛋黃、全蛋和砂糖 (1)。用力攪打全部材料，直到混料泛白。加入馬鈴薯澱粉（不要使用玉米粉，會產生不同的結果），拌勻。

將蛋白和砂糖 (2) 攪打成泡沫狀。製成的蛋白霜混入先前的混料中，接著加入胡桃。將蛋糕體麵糊鋪在12×30 公分的方形慕斯圈中，厚約 2 至 3 公分。放入烤箱烤 25 分鐘。

3. 製作香草冰淇淋

將香草莢縱向剖開，用刀尖刮去內部的籽。

在平底深鍋中放入牛乳、香草籽和香草莢。加熱至 30℃，接著加入砂糖 (1)、奶粉、轉化糖漿和穩定劑。達50℃時加入奶油。

攪打蛋黃和剩餘的砂糖 (2)，倒入熱牛乳中。再全部倒回平底深鍋，以小火燉煮，並以木匙攪拌。

當奶油醬變得濃稠滑順（82℃），立即將鍋子離火，將備料以漏斗型網篩過濾並中止烹煮。用打蛋器將奶油醬攪打至平滑。在奶油醬表面貼上保鮮膜。

放入冰箱冷藏保存至完全冷卻。

倒入雪酪機以製作冰淇淋，接著冷凍保存。最好趁香草冰淇淋還柔軟時為木柴蛋糕塑形，即以雪酪機攪拌成冰的 2 小時內。

4. 製作鹽味奶油焦糖冰淇淋

取平底深鍋，以大火加熱鮮奶油、牛乳和鹽之花。在厚底平底深鍋中倒入糖 (1)，以中火加熱，煮成焦糖。分幾次倒入溫的鮮奶油、牛乳和鹽的混料，以利攪拌均勻。

將蛋黃和砂糖 (2) 攪拌至混料泛白。倒入牛奶和焦糖的混料，以小火煮至82℃。

用漏斗型網篩過濾至擺在冰塊上的容器。用電動攪拌機攪打 1 分鐘，將備料打至滑順。

冷藏靜置 1 個晚上，讓備料散發香氣。倒入雪酪機，製作冰淇淋，接著冷凍保存。最好趁冰淇淋還柔軟時為木柴蛋糕塑形，即以雪酪機攪拌成冰的 2 小時內。

5. 製作咖啡冰淇淋

在平底深鍋中將鮮乳煮沸。

用橄麵棍將擺在乾淨布料上的咖啡豆壓碎。

將咖啡浸泡在煮沸的牛乳中，靜置20分鐘後過濾。

為浸泡後的牛乳秤重。

將一半的粗紅糖和穩定劑混合，倒入牛乳，一邊攪拌。

攪打蛋、蛋黃和剩餘的粗紅糖。煮至奶油醬濃稠可附著於匙背上（82℃），加入雀巢咖啡和奶油。

冷藏靜置1個晚上，讓備料散發香氣。

倒入雪酪機，製作冰淇淋，接著冷凍保存。最好趁冰淇淋還柔軟時為木柴蛋糕塑形，即以雪酪機攪拌成冰的 2 小時內。

6. 製作白絲絨

以微波或隔水加熱的方式，將可可脂和調溫巧克力加熱至融化，接著用手持式電動攪拌棒攪打。

7. 進行組裝

木柴蛋糕模內鋪上保鮮膜或玻璃紙。

在鋪有膜紙的模型內壁表面鋪上部分的香草冰淇淋，厚度約 4 公分，接著做出 1 條溝槽，擺上咖啡冰淇淋。

冷凍保存 20 分鐘，接著加上焦糖冰淇淋，然後在表面鋪上少許焦糖，撒上烘焙榛果和核桃。

擺上裁切成木柴蛋糕大小的蛋糕體，仔細壓實。

冷凍保存 3 小時或 1 個晚上。

隔天，將木柴蛋糕擺在盤中，移去保鮮膜，將香草冰淇淋填入裝有聖多諾黑花嘴的擠花袋，在木柴蛋糕表面擠出波浪狀的香草冰淇淋，立即冷凍 1 小時。

接著，將木柴蛋糕取出，擺上裝飾用堅果，並用噴槍噴上白絲絨霧面。

將木柴蛋糕擺在略大於木柴蛋糕底部的紙板，以免受到撞擊！在紙板中央擺上少許焦糖，可避免蛋糕滑動。冷凍至品嚐的時刻。

最後用一些堅果裝飾。

維他命雞尾酒 COCKTAIL VITAMINE

將準備用來盛裝雪酪的 2 個碗放入冰箱冷凍。

準備與組裝時間：4 小時
烘焙時間：15 至 20 分鐘
10 人份

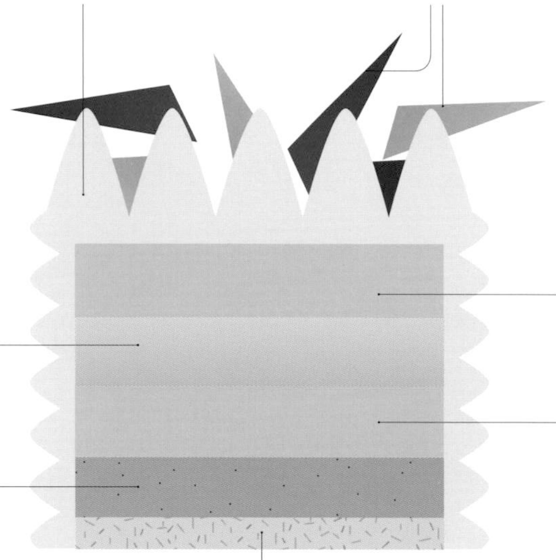

香醍鮮奶油
最後修飾當天製作。
糖漬柳橙檸檬
提前幾天製作。
奇異果李子雪酪
組裝前 2 天製作，組裝前一天以雪酪機攪拌成冰並進行塑形。
開心果洛林蛋糕體
組裝前一天製作。
百香果雪酪
組裝前 2 天製作，組裝前一天以雪酪機攪拌成冰並進行塑形。

組裝

三種作法可選擇：

1. 前一天，準備好所有材料，確保一切就緒。當天，以雪酪機製作雪酪。進行組裝，接著在經過充分冷凍後再進行最後裝飾。
2. 為組裝日提前準備好所有材料。木柴蛋糕組裝完成後，請冷凍保存至品嚐日（約 2 周）。組裝當天，進行最後修飾和裝飾。
3. 若要儲存已裝飾好的木柴蛋糕，在這種情況下，請放入紙盒或隔熱盒中冷凍，以免損壞。

也要記得在木柴蛋糕下方擺上長方形紙板。

材料

1. 開心果洛林蛋糕體
蛋白 100 克
砂糖 60 克 (1)
T45 麵粉 70 克
砂糖 60 克 (2)
融化奶油 25 克
開心果醬 10 克

2. 百香果雪酪
水 200 毫升
葡萄糖（或砂糖）50 克
砂糖 130 克
穩定劑 2 克
百香果肉 400 克

3. 奇異果李子雪酪
水 100 毫升
葡萄糖 30 克
砂糖 40 克
穩定劑 2 克
新鮮奇異果泥 330 克
李子白蘭地 10 克

4. 香醍鮮奶油
優質液狀鮮奶油 300 毫升
砂糖 40 克
櫻桃酒 5 克
香草精 1 小匙

5. 最後修飾
糖漬柳橙和檸檬

用具

雪酪機 1 台
8×25 公分的方形慕斯圈 1 個
裝有 18 公釐圓口花嘴的擠花袋 1 個
裝有聖多諾黑花嘴的擠花袋 1 個（最後修飾用）
噴槍 1 支
不鏽鋼刮刀 1 把
奶油刮板梳 1 個

1. 製作開心果洛林蛋糕體

烤箱預熱至 190℃。

糖 (1) 逐量倒入蛋白中，攪打至硬性發泡。加入麵粉和糖 (2) 的混料，一邊以橡皮刮刀輕輕攪拌，接著混入溫的融化奶油和開心果醬。最後再輕輕攪拌，讓材料均勻混合。

蛋糕體麵糊倒進鋪有烤盤紙的烤盤中，均勻鋪成 1.5 公分厚。用刮刀整平。

放入烤箱烤 10 至 15 分鐘。取出後，置於網架上放涼。

2. 製作百香果雪酪

用水、葡萄糖、糖和穩定劑製作糖漿。

將糖漿加熱至 50℃。

冷卻後，混入百香果肉。

放入雪酪機裡攪拌成冰。

將雪酪移至冰鎮過的容器中，冷凍保存。

3. 製作奇異果李子雪酪

用水、葡萄糖、糖和穩定劑製作糖漿。

冷卻後，混入果肉和白蘭地。

放入雪酪機裡攪拌成冰。

將雪酪移至冰鎮過的容器中，冷凍保存。

4. 製作香醍鮮奶油

鮮奶油倒入容器中，擺在裝有冰塊的沙拉攪拌盆裡。

將鮮奶油打發。當鮮奶油開始發泡，加入砂糖、櫻桃酒和香草精。

打到鮮奶油能牢牢附著於打蛋器鋼條時，停止攪打。冷藏保存。

5. 進行組裝

用裝有 18 公釐花嘴的擠花袋將奇異果李子雪酪擠在極為冰涼的方形慕斯圈中，並以塑膠方形刮板將表面整平。立即冷凍。2 種雪酪交替進行同樣的步驟。為此，我建議自前一天就將冷凍庫盡量清空，並調至最冷。

將冰淇淋蛋糕從冷凍庫中取出。用噴槍稍微加熱方形慕斯圈，將其移除。

用不鏽鋼刮刀為蛋糕表面及周圍鋪上香醍鮮奶油。刮刀沿著蛋糕周圍轉圈，將其抹平，放入冰箱冷凍 30 分鐘。接著加上第 2 層香醍鮮奶油，用刮刀抹平。

用奶油刮板梳裝飾蛋糕周圍，形成無懈可擊的最後修飾。再冷凍 30 分鐘。

將蛋糕從冷凍庫中取出，以糖漬柳橙和檸檬裝飾。

用裝有聖多諾黑花嘴的擠花袋在蛋糕表面擠出長條狀的香醍鮮奶油，從固定的一端擠至另一端。

將維他命雞尾酒蛋糕冷凍保存。品嚐前 20 至 30 分鐘將蛋糕取出。

建議：在進行最後修飾時，你可隨時將蛋糕冷凍，以利操作。

在進行這一切程序時，你真的需要善用冷凍庫，意即在不同的操作步驟之間，絕不要讓冰箱門開啟超過 3 至 4 秒，因為冷凍庫會快速儲存外部的熱空氣，而且需要一段時間才能釋放……。

在組裝這道蛋糕時，冷凍庫就是你的最佳盟友！

豪華冰屋 IGLOO PRINCIER

準備時間：5 小時
（備料和組裝可提前 2 周開始準備）

烘焙時間：10 分鐘
靜置時間：2 個晚上

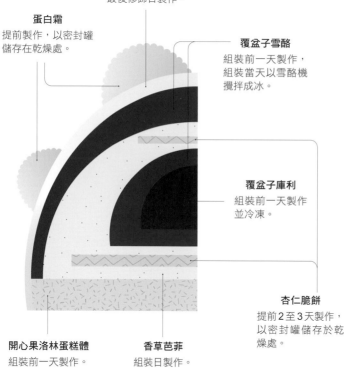

義式蛋白霜
最後修飾日製作。

蛋白霜
提前製作，以密封罐
儲存在乾燥處。

覆盆子雪酪
組裝前一天製作，
組裝當天以雪酪機
攪拌成冰。

覆盆子庫利
組裝前一天製作
並冷凍。

杏仁脆餅
提前 2 至 3 天製作，
以密封罐儲存於乾
燥處。

開心果洛林蛋糕體
組裝前一天製作。

香草芭菲
組裝日製作。

組裝

三種作法可選擇：

1. 前一天，準備好所有材料，確保一切就緒。當天，以雪酪機製作雪酪，並製作香草
   芭菲。進行組裝，接著經過充分冷凍後再進行裝飾。

2. 為組裝日提前準備好所有材料。木柴蛋糕組裝完成後，請冷凍保存至品嚐日（約 2
   周）。組裝當天，進行最後修飾和裝飾。

3. 若要儲存已裝飾好的木柴蛋糕，在這種情況下，請放入紙盒或隔熱盒中冷凍，以免
   損壞。

也要記得在木柴蛋糕下方擺上長方形紙板。

材料

1. 覆盆子庫利
覆盆子果肉 60 克
轉化糖漿（或砂糖）20 克
覆盆子香甜酒 3 克

2. 覆盆子雪酪
礦泉水 50 毫升
砂糖 50 克
葡萄糖粉 15 克
奶粉 1 克
穩定劑 1 克
覆盆子果肉 250 克
（或用食物調理機打碎且過篩的
　覆盆子）
檸檬汁 15 克

3. 杏仁脆餅
奶油 60 克
葡萄糖 20 克
砂糖 60 克
碎杏仁 100 克

4. 開心果洛林蛋糕體
蛋白 100 克
砂糖 60 克 (1)
T45 麵粉 70 克
砂糖 60 克 (2)
融化奶油 25 克
開心果醬 10 克

5. 香草芭菲
全脂液狀鮮奶油 230 克
吉利丁 2 克
30° 糖漿 80 克
（水 40 克和砂糖 40 克）
香草莢 1/2 根
蛋黃 40 克

6. 義式蛋白霜
砂糖 100 克＋ 20 克
水 50 毫升
蛋白 60 克
最後修飾
糖粉
星星
蛋白霜（見 34 至 36 頁）

用具

圓頂模型尺寸：
直徑 16 公分、高 8 公分、容量 1 公升
直徑 12 公分、高 6 公分
直徑 7 公分、高 4 公分
將這些模型冷凍。

杏仁脆餅用壓模尺寸：
直徑 12 公分
直徑 10 公分

料理溫度計 1 支
刮刀 1 把
同冰屋大小的紙板 1 張

加熱至 82℃。將剩餘的糖漿加熱，加入擰乾的吉利丁。攪拌，讓吉利丁溶解在糖漿中。

用電動攪拌機將蛋黃和糖漿的混料攪打至冷卻，形成濃稠滑順的淡白色慕斯。倒入糖漿和吉利丁的混料，約為 40 至 45℃。拌勻後，輕輕混入打發鮮奶油。

冷藏保存。

6. 製作義式蛋白霜

100 克的糖和水放入鍋中加熱至 117℃。

將蛋白打發成泡沫狀，一起泡，就加入 20 克的糖，繼續攪打至硬性發泡。

煮好的糖以細流狀倒入蛋白中，繼續以電動攪拌器攪打至備料冷卻。

為容器蓋上保鮮膜，放入冰箱冷藏保存。

7. 進行組裝

直徑 12 公分的圓頂模型內部鋪上覆盆子雪酪至 3 公分厚，蓋上冷凍覆盆子庫利並按壓，用少許雪酪抹平，接著冷凍至雪酪硬化。

非常冰涼的大型圓頂模型內部鋪上覆盆子雪酪，冷凍保存。倒入少許香草芭菲，壓上 10 公分的圓形杏仁脆餅，再加上香草芭菲，並在中央壓上冷凍覆盆子雪酪圓頂和庫利，用刮刀稍微抹平，放上第 2 片圓形杏仁脆餅，接著是裁切成與圓頂底部同樣大小的洛林蛋糕體。輕輕按壓，讓蛋糕體附著。最好冷凍 1 個晚上，讓蛋糕硬化。

將圓頂脫模：浸泡一下熱水，旋轉模型，讓圓頂滑出，擺在和蛋糕體底部同樣大小的紙板上。

再冷凍 1 小時，讓表面恢復冷凍狀態。

將圓頂從冷凍庫中取出，整個鋪上蛋白霜。撒上糖粉，並用鋪有馬卡龍碎屑的蛋白霜裝飾，或是以翻糖或杏仁膏製作的星星裝飾。

1.（前一天）製作覆盆子庫利

攪拌所有材料並倒入小型的圓頂模型中塑形，重量為 80 克，最好冷凍 1整晚至硬化。

2. 製作覆盆子雪酪

在平底深鍋中倒入水，加熱至 30℃。加入砂糖、葡萄糖、奶粉和穩定劑；煮至微滾，讓砂糖溶解，倒入覆盆子果肉和檸檬汁。放涼。

放入雪酪機裡攪拌成冰。

將雪酪移至冰鎮過的容器，冷凍保存。

不可不知：最好趁雪酪還柔軟時為圓頂塑形，即剛以雪酪機攪拌成冰之後的 1 小時內。

3. 製作杏仁脆餅

烤箱預熱至 180℃。

在平底深鍋中將奶油、葡萄糖和砂糖煮沸，加入碎杏仁，攪拌，接著鋪在烤盤紙上。放入烤箱烤約 10 分鐘。

趁熱切成 2 片圓餅：1 片直徑 10 公分，1 片直徑 12 公分。

4. 製作開心果洛林蛋糕體

烤箱預熱至 190℃。

糖 (1) 逐量倒入蛋白中，攪打至硬性發泡。加入麵粉和糖 (2) 的混料，一邊以橡皮刮刀輕輕攪拌，接著混入溫的融化奶油和開心果醬。最後再輕輕攪拌，讓材料均勻混合。

蛋糕體麵糊倒進鋪有烤盤紙的烤盤中，均勻鋪成 1.5 公分厚。用刮刀整平。

放入烤箱烤 10 至 15 分鐘。蛋糕體置於網架上放涼。

5. 製作香草芭菲

鮮奶油倒入容器中，放進裝有冰塊的沙拉攪拌盆，，若有電動攪拌機，可將攪拌缸冷凍幾分鐘。攪打鮮奶油，攪打至鮮奶油可穩穩地附著在打蛋器的鋼條時停止攪打。

將吉利丁浸泡在冰涼的水中。

在平底深鍋中將水和糖煮沸，製成 30° 的糖漿（30° 糖漿為糕點的基礎配方）。加入剖開並去籽的香草莢，將香草糖漿的 1/3 倒入蛋黃中。隔水

準備時間：4 小時
（備料和組裝）

烘焙時間：15 至 20 分鐘
10 人份

材料

1. 杏仁榛果蛋糕體
蛋白 80 克
砂糖 30 克
生（帶皮）榛果粉 55 克
生（帶皮）杏仁粉 15 克
糖粉 80 克

2. 橘子雪酪
橘子 2 顆（用來削皮）
全脂牛乳 150 毫升
砂糖 110 克
穩定劑 1 克
橘子汁 300 克

3. 瑞士巧克力冰淇淋
全脂牛乳 500 毫升
全脂液狀鮮奶油 140 克
砂糖 110 克
葡萄糖 15 克
脫脂奶粉 30 克
穩定劑 5 克
可可脂含量 70% 的調溫巧克力 80 克

4. 最後修飾
檸檬馬卡龍幾顆
糖漬柳橙果瓣
白巧克力杉樹
白糖

用具

12×30 公分的方形慕斯圈
直徑 12 公釐花嘴的擠花袋 1 個
雪酪機 1 台
料理溫度計 1 支
刮刀 1 把
Wagner 蛋糕巧克力噴槍 1 支

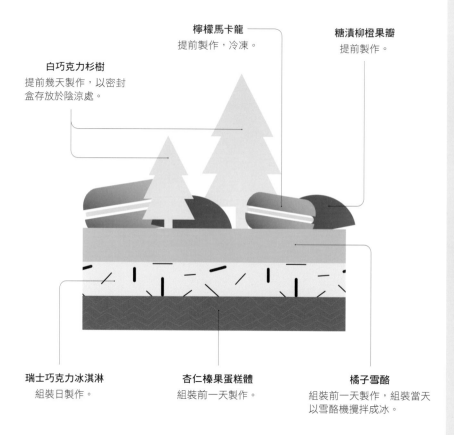

檸檬馬卡龍
提前製作，冷凍。

糖漬柳橙果瓣
提前製作。

白巧克力杉樹
提前幾天製作，以密封
盒存放於陰涼處。

瑞士巧克力冰淇淋
組裝日製作。

杏仁榛果蛋糕體
組裝前一天製作。

橘子雪酪
組裝前一天製作，組裝當天
以雪酪機攪拌成冰。

組裝

兩種作法可選擇：

1. 最晚在品嚐前一天進行組裝。前 2 天：製作蛋糕體、雪酪和冰淇淋；在方形慕斯圈
   中填入冰淇淋，冷凍 1 個晚上。前一天：用雪酪機製作雪酪，進行組裝，冷凍至少
   3 小時，再進行裝飾（巧克力杉樹、馬卡龍和糖漬柳橙果瓣可提前製作）。
   冷凍保存，品嚐前幾分鐘再取出。

2. 可提前 2 至 3 周組裝冰淇淋木柴蛋糕：注意，請將冷凍至硬化的蛋糕仔細包好。
   品嚐日進行裝飾。

記得在木柴蛋糕下方擺上長方形紙板。

1. 製作杏仁榛果蛋糕體

烤箱預熱至 180℃。

在電動攪拌機的攪拌缸中放入蛋白，逐次逐量加入砂糖，打成泡沫狀。

蛋白形成蛋白霜後，灑上榛果粉、杏仁粉和糖粉的混料。

用橡皮刮刀輕輕攪拌。將備料倒入裝有 12 公釐花嘴的擠花袋，在烤盤紙上擠出長12公分且寬30公分的條狀。

放入烤箱烤 15 至 20 分鐘。蛋糕體應烤至適當的熟度。若烤過頭，請用少量的水稍微濕潤。

2. 製作橘子雪酪

橘子去皮。

牛乳放入鍋中煮沸後再過濾。

用糖和穩定劑製作糖漿。放涼後加入橘子汁和橘子皮。

放入雪酪機裡攪拌成冰。

將雪酪移至冰鎮過的容器中，冷凍保存。

3. 製作瑞士巧克力冰淇淋

將準備用來盛裝冰淇淋的容器放進冰箱冷凍。

取平底深鍋，以大火加熱牛乳和鮮奶油。加入糖、葡萄糖、奶粉和穩定劑等混料。

用打蛋器攪拌，煮至 85℃。

以細孔濾網過濾至沙拉攪拌盆中。

用手持式電動攪拌棒攪打，將沙拉攪拌盆擺入裝有冷水的隔水加熱鍋中，讓備料快速冷卻。充分冷卻後，再度攪打。倒入雪酪機中，攪拌至形成濃稠滑順的乳霜狀冰淇淋質地。

巧克力隔水加熱（40℃）至融化。雪酪機以製冷模式運作，並以細流狀輕輕地倒入融化的巧克力：巧克力接觸到冰淇淋時，會凝固並形成酥脆的巧克力小顆粒！

將冷凍的容器從冷凍庫中取出，倒入瑞士巧克力冰淇淋。

4. 組裝與最後修飾

以方形慕斯圈裁切杏仁榛果蛋糕體並將蛋糕體置於慕斯圈底部。

鋪上瑞士巧克力冰淇淋至 1.5 公分的高度，用刮刀抹平。冷凍 1 小時。

最後再鋪上橘子雪酪，盡可能將表面抹平，形成平滑的平面效果。

冷凍 2 小時。

接著，將慕斯圈移除（可稍微加熱）。

用檸檬馬卡龍、壓模裁切過的糖漬柳橙塊，以及撒滿白糖的白巧克力小杉樹進行裝飾。

建議：裝飾前可噴上少許的白絲絨霧面。

驚喜禮物 CADEAU SURPRISE

材料

1. 草莓雪酪
砂糖 50 克
佳麗格特草莓 250 克
MONIN® 草莓糖漿 25 克

2. 藍莓雪酪
礦泉水 50 毫升
砂糖 50 克
葡萄糖粉 15 克
奶粉 1 克
穩定劑 1 克
藍莓果肉 250 克（或用食物調理機打碎且過篩的藍莓）
檸檬汁 15 克

3. 覆盆子雪酪
礦泉水 50 毫升
砂糖 50 克
葡萄糖粉 15 克
奶粉 1 克
穩定劑 1 克
覆盆子果肉 250 克（或用食物調理機打碎且過篩的覆盆子）
檸檬汁 15 克

4. 百香果雪酪
水 100 毫升
葡萄糖（或砂糖）25 克
砂糖 65 克
穩定劑 1 撮
百香果肉 200 克

5. 奇異果李子雪酪
水 45 毫升
葡萄糖 15 克
砂糖 20 克
穩定劑 1 克
新鮮奇異果泥 165 克
李子白蘭地 5 克

6. 香草冰淇淋
大溪地香草莢 2 根
全脂牛乳 500 毫升
砂糖 50 克 (1)
奶粉 25 克
轉化糖漿 20 克
穩定劑 1 克
軟奶油 20 克
蛋黃 80 克
砂糖 50 克 (2)

7. 指形蛋糕體
蛋白 5 顆
砂糖 140 克
蛋黃 5 顆
T45 麵粉 140 克
QS 紅色和綠色食用色素

用具
24 公分的木柴蛋糕模 1 個
曲型刮刀 1 把
雪酪機 1 台
料理溫度計 1 支
漏斗型濾器 1 個
18 公釐圓口花嘴的擠花袋 1 個
6 公釐圓口花嘴的擠花袋 1 個
網篩 1 個

準備時間：4 小時
烘焙時間：10 分鐘
10 人份
將準備用來盛裝冰淇淋和雪酪的 6 個碗放入冰箱冷凍。

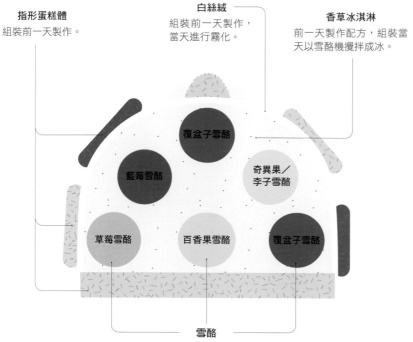

指形蛋糕體
組裝前一天製作。

白絲絨
組裝前一天製作，當天進行霧化。

香草冰淇淋
前一天製作配方，組裝當天以雪酪機攪拌成冰。

覆盆子雪酪

藍莓雪酪

奇異果／李子雪酪

草莓雪酪

百香果雪酪

覆盆子雪酪

雪酪
組裝前 2 天製作，立即填入擠花袋擠成條狀（可直接凍至冰涼硬化，以利組裝），冷凍保存。

組裝

兩種作法可選擇：

1. 最晚在品嚐前一天進行組裝。前 2 天，製作雪酪，將雪酪填入擠花袋，以條狀方式擠在冰冷的盤子上，冷凍至組裝前取出，讓雪酪條凍至極為堅硬。組裝前一天準備製作冰淇淋的奶油醬並製作蛋糕體。組裝當天，用雪酪機製作香草冰淇淋，裁切蛋糕體，以保鮮膜包好，冷藏保存。將木柴蛋糕冷凍至少 3 小時。將染色的蛋糕體脫模並進行裝飾。
冷凍保存，品嚐前幾分鐘再取出。

2. 可提前 2 至 3 周組裝冰淇淋木柴蛋糕：注意，請將冷凍至硬化的蛋糕仔細包好。立即用蛋糕體進行裝飾，或在品嚐前一天進行裝飾。

記得在木柴蛋糕下方擺上長方形紙板。

1. 製作草莓雪酪

攪拌糖和草莓果肉，加入草莓糖漿。

用電動攪拌機攪打所有材料並過篩。

放入雪酪機裡攪拌成冰。

將雪酪移至冰鎮過的容器中，冷凍保存。

2. 製作藍莓雪酪

在平底深鍋中倒入水，加熱至 30℃。加入砂糖、葡萄糖、奶粉和穩定劑；煮至微滾，讓砂糖溶解，倒入果肉和檸檬汁。

放涼。

放入雪酪機裡攪拌成冰。

將雪酪移至冰鎮過的容器中，冷凍保存。

3. 製作覆盆子雪酪

在平底深鍋中倒入水，加熱至 30℃。加入砂糖、葡萄糖、奶粉和穩定劑；煮至微滾，讓砂糖溶解，倒入覆盆子果肉和檸檬汁。

放涼。

放入雪酪機裡攪拌成冰。

將雪酪移至冰鎮過的容器中，冷凍保存。

4. 製作百香果雪酪

用水、葡萄糖、糖和穩定劑製作糖漿。

將糖漿加熱至 50℃。

冷卻後，混入百香果肉。

放入雪酪機裡攪拌成冰。

將雪酪移至冰鎮過的容器中，冷凍保存。

5. 製作奇異果李子雪酪

用水、葡萄糖、糖和穩定劑製作糖漿。

冷卻後，混入果肉和白蘭地。

放入雪酪機裡攪拌成冰。

將雪酪移至冰鎮過的容器中，冷凍保存。

6. 製作香草冰淇淋

將香草莢縱向剖開，用刀尖刮去內部的籽。

在平底深鍋中放入牛乳、香草籽和香草莢。加熱至 30℃，接著加入砂糖 (1)、奶粉、轉化糖漿和穩定劑。達到 50℃ 時加入奶油。

攪打蛋黃和剩餘的砂糖 (2)，倒入熱牛乳中。再全部倒回平底深鍋，以小火燉煮，一邊以木匙攪拌。

當奶油醬變得濃稠滑順（83℃），立即將鍋子離火，備料以漏斗型網篩過濾並中止烹煮。用打蛋器將奶油醬攪打至平滑。在奶油醬表面貼上保鮮膜。

冷藏保存至完全冷卻。

倒入雪酪機以製作冰淇淋，接著冷凍保存。最好趁香草冰淇淋還柔軟時為木柴蛋糕塑形，即以雪酪機攪拌成冰的 2 小時內。

7. 製作指形蛋糕體

（旋風）烤箱預熱至 180℃。

糖逐量倒入蛋白中，將蛋白打發。

打發後加入蛋黃。

用橡皮刮刀混入麵粉，分成 2 份，接著分別在 2 份麵糊中加入紅色和綠色食用色素。

將 2 份麵糊分別鋪在不沾紙或烤盤紙上，鋪成 6 公釐的厚度。

放入烤箱烤 7 至 8 分鐘。

接著將蛋糕體切成 1 條寬 7 公分的蛋糕條和一些圓形的小蛋糕體。

8. 進行組裝

用裝有 18 公釐圓口花嘴的擠花袋將各種雪酪緊密地擠在極為冰涼的盤中。立即冷凍。為此，建議自前一天就將冷凍庫盡量清空，且溫度調至最冷。

幾小時後，在雪酪條充分硬化時，切成木柴蛋糕模的長度。

木柴蛋糕模內填入香草冰淇淋至 1/3 滿，擺上雪酪條並壓實，再蓋上香草冰淇淋，持續同樣的步驟。最後再擺上 1 條綠色的蛋糕體。

冷凍 2 小時。

木柴蛋糕取出後脫模，用裝有 6 公釐花嘴的擠花袋擠出 2 小條香草冰淇淋，再冷凍 1 小時。

接著將木柴蛋糕從冷凍庫中取出，在周圍黏上小蛋糕體。用網篩將剩餘的蛋糕體過篩，並將蛋糕體粉末鋪在中央。

建議：也可以先為木柴蛋糕噴上白絲絨霧面，再用少許的杏桃果凝黏在蛋糕體上。

準備時間：4 小時
烘焙時間：35 分鐘
靜置時間：1 個晚上
10 人份

材料

1. 脆餅麵團
整顆榛果 125 克
砂糖 125 克
香草粉 1/2 小匙
肉桂粉 1/2 小匙
蛋白 60 克

2. 鹽之花可可酥餅
軟奶油 105 克
粗紅糖 125 克
砂糖 50 克
鹽之花 3 克
香草精 2 克
T45 麵粉 180 克
可可粉 30 克
小蘇打粉 5 克
（法芙娜）瓜納拉巧克力 155 克

3. 香草餅乾冰淇淋
大溪地香草莢 2 根
全脂牛乳 500 毫升
砂糖 50 克 (1)
奶粉 25 克
轉化糖漿（或砂糖）20 克
穩定劑 1 克
軟奶油 20 克
蛋黃 80 克
砂糖 50 克 (2)
酥餅碎屑

4. 榛果巧克力冰淇淋
全脂牛乳 220 毫升
液狀鮮奶油 60 毫升
奶粉 10 克
砂糖 40 克
穩定劑 1 克
轉化糖漿 15 克
（法芙娜）瓜納拉菁華（COEUR
　DE GUANAJA）45 克
榛果醬 40 克

5. 巧克力脆皮鏡面
可可脂含量 52% 的黑巧克力 300 克
花生油或葡萄籽油 75 克
酥餅碎屑 70 克

用具

24 公分的木柴蛋糕模 1 個
料理溫度計 1 支
漏斗型網篩 1 個
寬 5 公分的定型模 1 個
玻璃紙
略大於木柴蛋糕的紙板 1 張

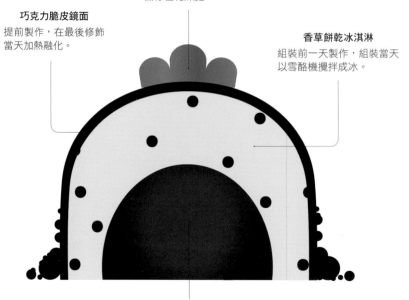

脆餅
提前製作，以密封罐
儲存在乾燥處。

巧克力脆皮鏡面
提前製作，在最後修飾
當天加熱融化。

香草餅乾冰淇淋
組裝前一天製作，組裝當天
以雪酪機攪拌成冰。

榛果巧克力冰淇淋
組裝前一天製作，組裝當天以
雪酪機攪拌成冰。

組裝

三種作法可選擇：

1. 前一天，準備好所有材料，確保一切就緒。當天，以雪酪機製作冰淇淋。進行組
   裝，經過充分冷凍後再進行最後裝飾。

2. 為組裝日提前準備好所有材料。木柴蛋糕組裝後，請冷凍保存至品嚐日（約 2
   周）。組裝當天，為木柴蛋糕淋上鏡面並進行裝飾。

3. 亦可將已淋上鏡面且裝飾過的木柴蛋糕冷凍保存。在這種情況下，請放入紙盒或隔
   熱盒中冷凍，以免損壞。

記得在木柴蛋糕下方擺上長方形紙板。

1. 製作脆餅麵團

將榛果約略磨碎。

取一容器，放入砂糖、香草粉、肉桂粉和碎榛果並以打蛋器攪拌。

再加入蛋白並攪拌。

將製成的備料倒入不鏽鋼平底深鍋，以小火加熱，一邊用木匙用力攪拌。

備料需煮至 70℃（摸起來要夠熱）。

接著將鍋子離火，持續不時攪拌，放至完全冷卻。

冷藏靜置 1 個晚上。

烤箱預熱至 170℃。

在鋪有不沾布的烤盤上，用湯匙製作直徑約 3 公分的小堆麵團。

放入烤箱烤 20 幾分鐘。

烘烤結束後，將脆餅放涼幾分鐘再用刮刀將脆餅從不沾布上取下。保存在密封罐中。

2. 製作鹽之花可可酥餅

在電動攪拌機的攪拌缸中放入糖（粗紅糖和砂糖）、鹽和香草，混合攪拌。

將麵粉、可可粉和小蘇打粉過篩，加進攪拌缸中。

接著混入切碎的巧克力。盡可能以最少的攪拌次數拌勻。

冷藏 1 小時。

倒在 2 張紙上，用桿麵棍擀成 5 公釐的厚度，冷藏保存，接著移去表面的紙，放入烤箱，以 170℃烤酥餅 5 分鐘，裁成 4 公分的正方形，接著再以 170℃烤 5 至 8 分鐘。

保存在乾燥處。用桿麵棍將部分的酥餅壓碎。

3. 製作香草餅乾冰淇淋

將香草莢縱向剖開，用刀尖刮去內部的籽。

在平底深鍋中放入牛乳、香草籽和香草莢。加熱至 30℃，接著加入砂糖 (1)、奶粉、轉化糖漿和穩定劑。加熱至 50℃，接著將奶油加入先前的備料中。煮沸。

攪打蛋黃和剩餘的砂糖 (2)，倒入煮沸的牛乳。再全部倒回平底深鍋，以小火煮幾秒，一邊以木匙攪拌。

當奶油醬變得濃稠滑順，立即將鍋子離火，備料以漏斗型網篩過濾並中止烹煮。用打蛋器將奶油醬攪打至平滑。在奶油醬表面貼上保鮮膜。

冷藏保存至完全冷卻。

倒入雪酪機以製作冰淇淋，接著冷凍保存。最好趁香草冰淇淋還柔軟時鋪在表層，即以雪酪機攪拌成冰的 2 小時內。

4. 製作榛果巧克力冰淇淋

在平底深鍋中放入牛乳、鮮奶油和奶粉，以中火加熱至 50℃。再加入砂糖、穩定劑和轉化糖漿的混料。拌勻並煮沸。

同時用刀或電動攪拌機將巧克力切碎。

牛乳煮沸時，將 1/3 的牛乳淋在切碎的巧克力和榛果醬上，攪拌。再倒入 1/3 的熱牛乳，再度攪拌。加入最後 1/3 的熱牛乳，拌勻，放入雪酪機中攪拌成冰。倒入 5 公分的定型模中塑形。放入冰箱冷凍。

5. 製作巧克力脆皮鏡面

用刀或電動攪拌機將巧克力切碎。

以微波或隔水加熱的方式，將巧克力連同油一起加熱至融化，加熱至 35 至 40℃的溫度，每次都以橡膠刮刀攪拌。接著加入酥餅碎屑，預留備用。

6. 進行組裝

木柴蛋糕模內鋪上保鮮膜或玻璃紙。

在鋪有膜紙的模型內壁鋪上部分的餅乾香草冰淇淋，鋪至 5 公分的厚度。做出 1 條溝槽，擺上榛果巧克力冰淇淋。

接著在表面鋪上少許餅乾香草冰淇淋，抹平，形成平坦的表面。

冷凍保存 3 小時或 1 個晚上。

隔天，將木柴蛋糕脫模，擺在同樣大小的紙板上，置於網架上，淋上巧克力脆皮鏡面。擺上裝飾用的幾塊酥餅和脆餅，並用少許的融化鏡面黏貼在蛋糕上。

將木柴蛋糕擺在略大於木柴蛋糕底部的紙板，以免受到撞擊！紙板中央擺上少許鏡面，可避免蛋糕滑動。冷凍直到品嚐為止。

聖誕老公公

PÈRE NOËL

準備時間：4 小時
（備料與組裝）

烘焙時間：2 小時 15 分鐘
靜置時間：2 個晚上＋2 日
8 人份

將圓頂模型放入冰箱冷凍。

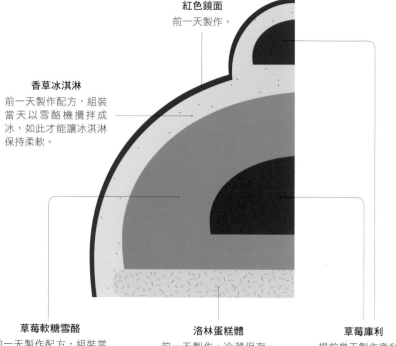

紅色鏡面
前一天製作。

香草冰淇淋
前一天製作配方，組裝當天以雪酪機攪拌成冰，如此才能讓冰淇淋保持柔軟。

草莓軟糖雪酪
前一天製作配方，組裝當天以雪酪機攪拌成冰。

洛林蛋糕體
前一天製作，冷藏保存，以保鮮膜包好。

草莓庫利
提前幾天製作庫利並倒入模型冷凍，讓庫利充分硬化。

組裝

兩種作法可選擇：

1. 提前組裝聖誕老公公蛋糕：將尚未淋上鏡面且未裝飾的蛋糕仔細包好後保存。
   品嚐前 2 天，將包裝的保鮮膜移除，淋上鏡面並冷凍至最後修飾日。鏡面會稍微乾燥，這樣更好。如果還會稍微流動（若香草冰淇淋不夠冰），請再淋上 1 次鏡面。
   品嚐當天進行裝飾：輕輕擺上杏仁膏和蛋白霜。
   理想上，最好將未鋪上保鮮膜的蛋糕冷凍 2 至 3 日再淋上鏡面；如此一來，鏡面會更穩固附著。

2. 可在品嚐前 1 周這麼做：將製作完成的蛋糕冷凍儲存。請注意，在移至冷凍庫時勿損壞蛋糕。

記得在聖誕老公公蛋糕下方擺上圓形紙板。

聖誕老公公蛋糕的重量約 900 克。建議製作多於所需的冰淇淋，以利組裝。

材料

1. 草莓庫利
草莓果肉 80 克
轉化糖漿（或砂糖）30 克
草莓酒 7 克

2. 香草冰淇淋
大溪地香草莢 2 根
全脂牛乳 500 毫升
砂糖 50 克
奶粉 25 克
轉化糖漿 20 克
穩定劑 1 克
軟奶油 20 克
蛋黃 80 克
砂糖 50 克

3. TAGADA® 草莓軟糖雪酪
水 200 毫升
TAGADA® 草莓軟糖 100 克
砂糖 45 克
葡萄糖粉 7 克
草莓果肉 250 克

4. 洛林蛋糕體
蛋白 100 克
砂糖 60 克 (1)
T45 麵粉 70 克
砂糖 60 克 (2)
融化奶油 25 克
開心果醬 10 克

5. 蛋白霜裝飾
蛋白 50 克
砂糖 50 克
糖粉 50 克 (1)
糖粉 30 克 (2)

6. 紅色鏡面
砂糖 25 克 (1)
NH 果膠 6 克
水 150 毫升
葡萄糖 75 克
砂糖 225 克 (2)
紅色食用色素

7. 最後修飾
紅色杏仁膏 100 克

用具

直徑 7 公分且高 4 公分的圓頂模型 1 個
直徑 16 公分、高 8 公分且容量 1 公升的圓頂模型 1 個
料理溫度計 1 支
漏斗型網篩 1 個
雪酪機 1 台
刮刀 1 把
10 公釐圓口花嘴的擠花袋 1 個

1. 製作草莓庫利

攪拌所有材料並倒入小型的圓頂模型中塑形,重量為 80 克,最好冷凍 1 整晚至硬化。

2. 製作香草冰淇淋

將香草莢縱向剖開,用刀尖刮去內部的籽。

在平底深鍋中放入牛乳、香草籽和香草莢。加熱至 30℃,接著加入砂糖、奶粉、轉化糖漿和穩定劑。

達到 50℃時,將奶油加入先前的備料中。

攪打蛋黃和剩餘的砂糖,倒入煮沸的牛乳。再全部倒回平底深鍋,以小火煮幾秒,一邊以木匙攪拌。

當奶油醬變得濃稠滑順,立即將鍋子離火,備料以漏斗型網篩過濾並中止烹煮。用打蛋器將奶油醬攪打至平滑。在奶油醬表面貼上保鮮膜。

冷藏保存至完全冷卻。

倒入雪酪機以製作冰淇淋,接著冷凍保存。最好趁香草冰淇淋還柔軟時鋪在圓頂表層,即以雪酪機攪拌成冰的 2 小時內。

3. 製作草莓軟糖雪酪

在平底深鍋中將水煮沸,加入 TAGADA® 草莓軟糖、糖和葡萄糖粉,用電動攪拌機攪打。

倒入草莓果肉,再度以電動攪拌機攪打。冷藏靜置 1 小時,接著用雪酪機製冰,冷凍保存直到組裝。

4. 製作洛林蛋糕體

烤箱預熱至 190℃。

糖 (1) 逐量倒入蛋白中,攪打至硬性發泡。加入麵粉和糖 (2) 的混料,一邊以橡皮刮刀輕輕攪拌,接著混入溫的融化奶油和開心果醬。最後再輕輕攪拌,讓材料均勻混合。

蛋糕體麵糊倒進鋪有烤盤紙的烤盤中,均勻鋪成 1 公分厚。用刮刀整平。

放入烤箱烤 10 至 15 分鐘。讓蛋糕體在網架上放涼。

5. 製作蛋白霜裝飾

砂糖逐量加入蛋白中,將蛋白打發。

接著用橡皮刮刀混入糖粉 (1)。

用裝有 10 公釐花嘴的擠花袋在烤盤紙上製作聖誕老公公蛋糕的裝飾(小球 3 顆、扁平球 1 顆、相連的小球和鬍子),整個撒上糖粉 (2)。見第 34 至 35 頁的步驟説明。

用烤箱以 90℃烘烤,烤至完全乾燥,約 2 小時。

鋪上紅色杏仁膏,切成三角形,捲成帽子狀,將這帽子擺在扁平球狀的蛋白霜上。

6. 製作紅色鏡面

攪拌糖 (1) 和 NH 果膠。

在平底深鍋中,將水、葡萄糖和剩餘的糖 (2) 煮至 30℃。

加入糖和果膠的混料,接著是用熱水拌勻的食用色粉,以小火煮 2 分鐘,

不要煮沸。

7. 進行組裝和最後修飾

在非常冰涼的模型內鋪上香草冰淇淋至 3 公分厚,冷凍保存,讓香草冰淇淋硬化。

接著,填滿草莓軟糖雪酪,並在中央稍微塞進冷凍草莓庫利圓頂,用刮刀稍微抹平。

擺上裁切成與圓頂底部同樣大小的蛋糕體。輕輕按壓,讓蛋糕體附著。最好冷凍 1 個晚上,讓蛋糕硬化。

將圓頂脫模:浸泡一下熱水,旋轉模型,讓圓頂滑出,擺在紙板上。冷凍。

準備紅色鏡面及杏仁膏做裝飾。為圓頂淋上鏡面,冷凍 2 天,讓鏡面稍微乾燥,接著以蛋白霜和杏仁膏裝飾。

準備時間：約 4 小時
凝固時間：約 2 小時
2 至 3 個凍派

將準備用來盛裝冰淇淋和雪酪的 6 個碗放入冰箱冷凍。

材料

1. 覆盆子雪酪
礦泉水 50 毫升
砂糖 50 克
葡萄糖粉 15 克
奶粉 1 克
穩定劑 1 克
覆盆子果肉 250 克（或用食物調理機打碎且過篩的覆盆子）
檸檬汁 15 克

2. 百香果雪酪
水 100 毫升
葡萄糖（或砂糖）25 克
砂糖 65 克
穩定劑 1 撮
百香果肉 200 克

3. 柳橙雪酪
方糖 80 克
現榨新鮮柳橙汁 250 克
砂糖 25 克
穩定劑 2 克
水 40 毫升

4. 奇異果李子雪酪
水 45 毫升
葡萄糖 15 克
砂糖 20 克
穩定劑 1 克
新鮮奇異果泥 165 克
李子白蘭地 5 克

5. 黃檸檬雪酪
水 125 毫升
牛乳 125 毫升
砂糖 110 克
穩定劑 1 克
黃檸檬汁 125 克

6. 香草冰淇淋
大溪地香草莢 2 根
全脂牛乳 500 毫升
砂糖 50 克 (1)
轉化糖漿 20 克
奶粉 25 克
穩定劑 1 克
軟奶油 20 克
蛋黃 80 克
砂糖 50 克 (2)

7. 調溫巧克力
可可脂含量 64% 的黑巧克力 500 克

8. 最後修飾
蛋白霜條（見 34 至 36 頁）

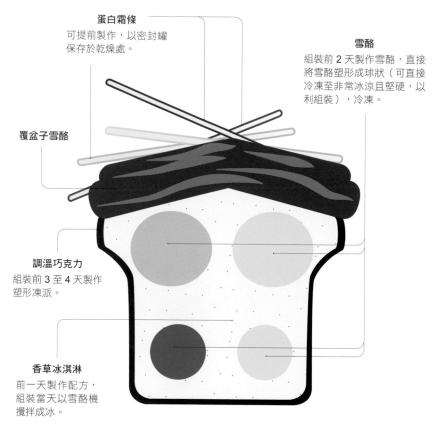

蛋白霜條
可提前製作，以密封罐保存於乾燥處。

雪酪
組裝前 2 天製作雪酪，直接將雪酪塑形成球狀（可直接冷凍至非常冰涼且堅硬，以利組裝），冷凍。

覆盆子雪酪

調溫巧克力
組裝前 3 至 4 天製作塑形凍派。

香草冰淇淋
前一天製作配方，組裝當天以雪酪機攪拌成冰。

用具
20 公分 ×11 公分且高 6 公分的凍派模
料理溫度計 1 支
雪酪機 1 台
漏斗型網篩 1 個
糕點刷 1 支
冰淇淋杓 1 支
聖多諾黑花嘴的擠花袋 1 個

組裝

兩種作法可選擇：

1. 最晚在品嚐前一天進行組裝。前 2 天製作雪酪，在非常冰涼的盤子上製作球狀雪酪，冷凍至組裝前，讓雪酪凍至非常堅硬。
   組裝前一天製作冰淇淋的奶油醬。組裝當天以雪酪機攪拌成冰。進行組裝，接著製作裝飾。冷凍直到品嚐為止。品嚐前 15 至 20 分鐘再將凍派取出。

2. 可提前 1 周組裝冰淇淋木柴蛋糕：注意，請將冷凍至硬化而且尚未擺上覆盆子雪酪的蛋糕仔細包好。品嚐前一天以覆盆子雪酪和蛋白霜進行裝飾。

記得在凍派下方擺上橢圓形紙板（可自行製作）。

1. 製作覆盆子雪酪

在平底深鍋中倒入水，加熱至 30℃。加入砂糖、葡萄糖、奶粉和穩定劑；煮至微滾，讓砂糖溶解，倒入覆盆子果肉和檸檬汁。

放涼。

放入雪酪機裡攪拌成冰。

將雪酪移至冰鎮過的容器中，冷凍保存。

2. 製作百香果雪酪

用水、葡萄糖、糖和穩定劑製作糖漿。

將糖漿加熱至 50℃。

冷卻後，混入百香果肉。

放入雪酪機裡攪拌成冰。

將雪酪移至冰鎮過的容器中，冷凍保存。

3. 製作柳橙雪酪

以方糖塗擦柳橙表面，接著以一半的柳橙汁、2 種糖和穩定劑製作糖漿。

烹煮結束後混入剩餘的柳橙汁。

放入雪酪機裡攪拌成冰。

將雪酪移至冰鎮過的容器中，冷凍保存。

4. 製作奇異果李子雪酪

用水、葡萄糖、糖和穩定劑製作糖漿。

冷卻後，混入果肉和白蘭地。

放入雪酪機裡攪拌成冰。

將雪酪移至冰鎮過的容器中，冷凍保存。

5. 製作黃檸檬雪酪

將水和牛乳放入鍋中煮沸，過濾後連同糖和穩定劑一起製作糖漿。

冷卻後，加入檸檬汁。

放入雪酪機裡攪拌成冰。

將雪酪移至冰鎮過的容器中，冷凍保存。

6. 製作香草冰淇淋

將香草莢縱向剖開，用刀尖刮去內部的籽。

在平底深鍋中放入牛乳、香草籽和香草莢，加熱至 30℃，接著加入砂糖 (1)、奶粉、轉化糖漿和穩定劑。

達到 50℃ 時加入奶油。

攪打蛋黃和剩餘的砂糖 (2)，倒入熱牛乳。再全部倒回平底深鍋，以小火燉煮，一邊以木匙攪拌。

當奶油醬變得濃稠滑順（82℃），立即將鍋子離火，備料以漏斗型網篩過濾並中止烹煮。用打蛋器將奶油醬攪打至平滑。在奶油醬表面貼上保鮮膜。

冷藏保存至完全冷卻。最好讓香草奶油醬靜置 1 個晚上，會更美味。

倒入雪酪機製作成冰淇淋，接著冷凍保存。最好趁香草冰淇淋還柔軟時為凍派塑形，即以雪酪機攪拌成冰的 2 小時內。

7. 製作調溫巧克力

要得到帶有光澤的巧克力，就要調溫！

你必須準備有刻度的溫度計。

巧克力的份量越多（至少 500 克），調溫越容易成功，而且之後也可以重複使用。

在容器中將巧克力敲碎成塊。隔水加熱至融化。攪拌成平滑的質地。

監控溫度，直到達 50℃ 時將巧克力離火。將裝有巧克力的容器置於另一個裝滿冷水的容器中，讓巧克力冷卻至 27 至 28℃。巧克力冷卻後，再度隔水加熱一會兒，讓溫度重新升高至 30 至 32℃。

8. 進行組裝和最後修飾

巧克力凍派的塑形可參考第 28 至 29 頁的步驟說明。

用糕點刷在模型內刷上巧克力，讓巧克力在常溫（20℃）下硬化，夏季可冷藏一會兒。倒入更多的巧克力，形成較厚的第 2 層巧克力（實際上，塑形模必須夠厚，才夠堅固，足以進行接下來的步驟）。

可再加熱巧克力，最好以間隔、快速且短暫的方式微波加熱，以維持溫度。

讓巧克力在陶罐中硬化，接著脫模。冷凍 20 分鐘。

冷卻後，鋪上 2 至 3 公分還很柔軟的香草冰淇淋，再用冰淇淋杓隨意擺上幾球冰淇淋，稍微朝內部的香草冰淇淋按壓，再蓋上少許香草冰淇淋，輕輕抹平，形成平坦的表面。

冷凍硬化 1 小時。

將覆盆子雪酪填入裝有聖多諾黑花嘴的擠花袋，在凍派表面擠出波浪狀的覆盆子雪酪，立即冷凍 20 分鐘。

用蛋白霜條裝飾。冷凍，品嚐前幾分鐘再將凍派從冷凍庫中取出。

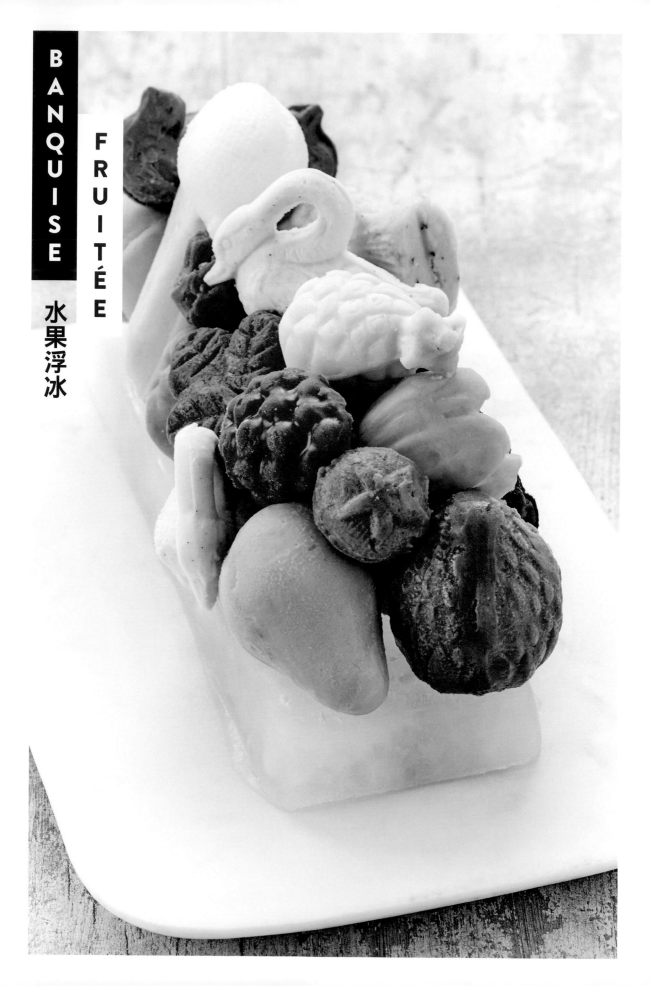

準備時間：4 小時
烘焙時間：10 分鐘
靜置時間：1 個晚上
10 人份

將準備用來盛裝冰淇淋和雪酪的 8 個碗放入冰箱冷凍。
將水果形狀的金屬冰淇淋模型放入冰箱冷凍。
亦能將雪酪塑形成球狀。

冰淇淋與雪酪
組裝前 2 天製作配方，組裝前一天以雪酪機攪拌成冰並塑出水果形狀，組裝日用香草冰淇淋黏上水果。

擺盤冰塊
提前幾天製作（可塑成其他形狀）。

組裝

兩種作法可選擇：

1. 前 2 天，準備好所有材料，確保一切就緒。前一天，用雪酪機將雪酪和冰淇淋攪拌成冰。進行組裝，接著在冷凍足夠的時間後進行裝飾。

2. 為組裝日提前準備好所有材料。
   當木柴蛋糕組裝完成，請冷凍保存至品嚐日（約 1 周）。
   組裝當天，進行最後修飾和裝飾。
   在這種情況下，請放入紙盒或隔熱盒中冷凍，以免損壞。
   也要記得在木柴蛋糕下方擺上長方形紙板。

材料

1. 巧克力冰淇淋
全脂牛乳 200 毫升
全脂液狀鮮奶油 60 毫升
奶粉 10 克
砂糖 40 克
穩定劑 1 克
轉化糖漿 15 克
（法芙娜）瓜納拉菁華 45 克

2. 香草冰淇淋
大溪地香草莢 1 根
全脂牛乳 250 毫升
砂糖 25 克 (1)
奶粉 10 克
轉化糖漿 10 克
穩定劑 1 克
軟奶油 10 克
蛋黃 40 克
砂糖 25 克 (2)

3. 草莓雪酪
佳麗格特草莓 250 克
砂糖 50 克
MONIN® 草莓糖漿 25 克

4. 藍莓雪酪
礦泉水 50 毫升
砂糖 50 克
葡萄糖粉 15 克
奶粉 1 克
穩定劑 1 克
藍莓果肉 250 克（或用食物調理機打碎且過篩的藍莓）
檸檬汁 15 克

5. 覆盆子雪酪
礦泉水 50 毫升
砂糖 50 克
葡萄糖粉 15 克
奶粉 1 克
穩定劑 1 克
覆盆子果肉 250 克（或用食物調理機打碎且過篩的覆盆子）
檸檬汁 15 克

6. 百香果雪酪
水 100 毫升
葡萄糖（或砂糖）25 克
砂糖 65 克
穩定劑 1 撮
百香果肉 200 克

7. 奇異果李子雪酪
水 50 毫升
葡萄糖 15 克
砂糖 20 克
穩定劑 1 克
新鮮奇異果肉 165 克
李子白蘭地 5 克

8. 黃檸檬冰淇淋
水 120 毫升
牛乳 120 毫升
砂糖 110 克
穩定劑 1 克
黃檸檬汁 120 毫升

9. 塑形
水約 1 公升

用具
料理溫度計 1 支
雪酪機 1 台
漏斗型網篩 1 個

1. 製作巧克力冰淇淋

取平底深鍋，將牛乳、鮮奶油和奶粉加熱至 50℃，接著加入砂糖、穩定劑和轉化糖漿的混料。拌勻後煮沸。

用刀或電動攪拌機將巧克力切碎。

牛乳煮沸時，將 1/3 的牛乳淋在切碎的巧克力上，攪拌。再倒入 1/3 的熱牛乳，再度攪拌。加入最後 1/3 的熱牛乳，拌勻。

放入雪酪機中攪拌成冰。

移至冷凍過的容器中，冷凍保存。

2. 製作香草冰淇淋

將香草莢縱向剖開，用刀尖刮去內部的籽。

在平底深鍋中放入牛乳、香草籽和香草莢。加熱至 30℃，接著加入砂糖 (1)、奶粉、轉化糖漿和穩定劑。加熱至 50℃，在先前的備料中加入奶油並煮沸。

攪打蛋黃和剩餘的砂糖 (2)，倒入煮沸的牛乳。再全部倒回平底深鍋，以小火燉煮，一邊以木匙攪拌。

當奶油醬變為濃稠滑順，立即將鍋子離火，備料以漏斗型網篩過濾並中止烹煮。用打蛋器將奶油醬攪打至平滑。在奶油醬表面貼上保鮮膜。冷藏保存至完全冷卻。

倒入雪酪機製成冰淇淋，接著冷凍保存。最好趁香草冰淇淋還柔軟時進行塑形，即以雪酪機攪拌成冰的 2 小時內。

3. 製作草莓雪酪

攪拌糖和草莓果肉，加入草莓糖漿。

用電動攪拌機攪打所有材料並過篩。

放入雪酪機裡攪拌成冰。

將雪酪移至冰鎮過的容器中，冷凍保存。

4. 製作藍莓雪酪

在平底深鍋中倒入水，加熱至 30℃。加入砂糖、葡萄糖、奶粉和穩定劑；煮至微滾，讓砂糖溶解，倒入果肉和檸檬汁。

放涼。

放入雪酪機裡攪拌成冰。

將雪酪移至冰鎮過的容器中，冷凍保存。

5. 製作覆盆子雪酪

在平底深鍋中，將水加熱至 30℃。再加入砂糖、葡萄糖、奶粉和穩定劑；煮至微滾，讓砂糖溶解，倒入覆盆子果肉和檸檬汁。放涼。

放入雪酪機裡攪拌成冰。

將雪酪移至冰鎮過的容器中，冷凍保存。

6. 製作百香果雪酪

用水、葡萄糖、糖和穩定劑製作糖漿。

將糖漿加熱至 50℃。

冷卻後，混入百香果肉。

放入雪酪機裡攪拌成冰。

將雪酪移至冰鎮過的容器中，冷凍保存。

7. 製作奇異果李子雪酪

用水、葡萄糖、糖和穩定劑製作糖漿。

冷卻後，混入果肉和酒。

放入雪酪機裡攪拌成冰。

將雪酪移至冰鎮過的容器中，冷凍保存。

8. 製作黃檸檬冰淇淋

將水和牛乳煮沸，過濾後連同糖和穩定劑一起製作糖漿。

冷卻後，加入檸檬汁。

放入雪酪機裡攪拌成冰。

將雪酪移至冰鎮過的容器中，冷凍保存。

9. 塑形

將水和食用色素倒入塑膠或陶瓷的大型方形蛋糕模或凍派模中，冷凍 1 個晚上。

10. 進行組裝

將所有的冰淇淋模放入冰箱冷凍。

用非常冰涼的水果形狀模型為冰淇淋或雪酪塑形。冷凍 1 個晚上。

浸泡一下熱水，將所有的冰淇淋脫模，接著擺在非常冰涼的盤上，再冷凍 1 小時。

方形蛋糕模浸泡一下熱水，將冰塊脫模，將大冰塊擺在冰涼的長方形盤中，用少許的香草冰淇淋將水果冰淇淋黏在周圍，整個冷凍 30 分鐘，接著再重複同樣的步驟，直到將浮冰裝飾完成，而且水果形成美觀勻稱的擺盤。

冷凍直到品嚐為止。

白大衣 MANTEAU BLANC

8 人份
準備時間：1 小時
烘焙時間：約 2 小時
靜置時間：至少 4 小時
將準備用來盛裝冰淇淋和雪酪的 3 個碗放入冰箱冷凍。

香草冰淇淋
組裝前一天製作，組裝當天以雪酪機攪拌成冰。

蛋白霜
提前製作，以密封罐儲存於乾燥處。

香醍鮮奶油
最後修飾日製作。

覆盆子雪酪
組裝前一天製作，組裝當天以雪酪機攪拌成冰。

藍莓雪酪、杏仁糖漿雪酪
組裝前 2 天製作，組裝前一天以雪酪機攪拌成冰並塑形。

組裝

三種作法可選擇：

1. 前一天，準備好所有材料，確保一切就緒。當天，用雪酪機將雪酪和冰淇淋攪拌成冰。進行組裝，接著在冷凍足夠的時間後進行裝飾。

2. 為組裝日提前準備好所有材料。當木柴蛋糕組裝完成，請冷凍保存至品嚐日（約 2 周）。組裝當天，進行最後修飾和裝飾。

3. 也能將已裝飾好的木柴蛋糕的儲存起來。在這種情況下，請放入紙盒或隔熱盒中冷凍，以免損壞。

也要記得在木柴蛋糕下方擺上長方形紙板。

材料

1. 覆盆子雪酪
礦泉水 50 毫升
砂糖 50 克
葡萄糖粉 15 克
奶粉 1 克
穩定劑 1 克
覆盆子果肉 250 克（或用食物調理機打碎且過篩的覆盆子）
檸檬汁 15 克

2. 藍莓雪酪
礦泉水 50 毫升
砂糖 50 克
葡萄糖粉 15 克
奶粉 1 克
穩定劑 1 克
藍莓果肉 270 克（或用食物調理機打碎且過篩的藍莓）
檸檬汁 5 克

3. 杏仁糖漿雪酪
杏仁糖漿 250 克
全脂牛乳 250 毫升
全脂液狀鮮奶油 125 克

4. 香草冰淇淋
大溪地香草莢 1 根
全脂牛乳 500 毫升
砂糖 50 克 (1)
奶粉 25 克
轉化糖漿（或砂糖）20 克
穩定劑 1 克
奶油 20 克
蛋黃 80 克
砂糖 50 克 (2)

5. 蛋白霜
蛋白 4 個
砂糖 240 克

6. 香醍鮮奶油
優質液狀鮮奶油 250 克
砂糖 50 克
櫻桃酒 5 克
香草精 1 大匙

7. 最後修飾
裝飾糖
糖粉

用具
24 公分的木柴蛋糕模 1 個
料理溫度計 1 支
雪酪機 1 台
漏斗型濾篩 1 個
直徑 14 公釐圓口花嘴的擠花袋 1 個
寬 5 公分的定型模 1 個
不鏽鋼刮刀 1 把

1. 製作覆盆子雪酪

在平底深鍋中倒入水，加熱至 30℃。加入砂糖、葡萄糖、奶粉和穩定劑；煮至微滾，讓砂糖溶解，倒入覆盆子果肉和檸檬汁。放涼。

放入雪酪機裡攪拌成冰。

將雪酪移至冰鎮過的容器中，冷凍保存。

2. 製作藍莓雪酪

在平底深鍋中倒入水，加熱至 30℃。加入砂糖、葡萄糖、奶粉和穩定劑；煮至微滾，讓砂糖溶解，倒入果肉和檸檬汁。

放涼。

放入雪酪機裡攪拌成冰。

將雪酪移至冰鎮過的容器中，冷凍保存。

3. 製作杏仁糖漿雪酪

攪拌所有材料，不加熱。放入雪酪機裡攪拌成冰。

將雪酪移至冰鎮過的容器中，冷凍保存。

4. 製作香草冰淇淋

將香草莢縱向剖開，用刀尖刮去內部的籽。

在平底深鍋中放入牛乳、香草籽和香草莢。加熱至 30℃，接著加入砂糖 (1)、奶粉、轉化糖漿和穩定劑。達到 50℃ 時混入奶油，煮沸。

攪打蛋黃和剩餘的砂糖 (2)，倒入煮沸的牛乳。再全部倒回平底深鍋，以小火燉煮，一邊以木匙攪拌。

當奶油醬變得濃稠滑順，立即將鍋子離火，將備料以漏斗型網篩過濾並中止烹煮。用打蛋器將奶油醬攪打至平滑。在奶油醬表面貼上保鮮膜。

冷藏保存至完全冷卻，最好冷藏 1 個晚上，讓奶油醬散發出香氣。

倒入雪酪機製成冰淇淋，接著冷凍保存。最好趁香草冰淇淋還柔軟時為木柴蛋糕塑形，即以雪酪機攪拌成冰的 2 小時內。

5. 製作蛋白霜

旋風烤箱預熱至 140℃。

將蛋白和 40 克的糖以電動攪拌機攪打成泡沫狀。

當蛋白開始起泡，逐量加入 80 克的糖。

持續攪打成亮白的蛋白霜，而且可附著於打蛋器的鋼絲之間。

接著倒入剩餘 120 克的糖，用橡皮刮刀混合。

將備料填入裝有 14 公釐圓口花嘴的擠花袋中，在鋪有烤盤紙的烤盤上擠出 7×24 公分的長方形。

放入烤箱以 140℃烤 8 分鐘，接著將溫度調低至 90℃。烤約 2 小時。

當蛋白霜烤至乾燥時就表示烤好了。接著放至完全冷卻。

6. 製作香醍鮮奶油

將鮮奶油倒入容器中，擺在裝有冰塊的沙拉攪拌盆裡。

打發鮮奶油。當鮮奶油開始發泡，加入砂糖和櫻桃酒，最後再加入香草

精。將鮮奶油打至能牢牢附著於打蛋器鋼絲時停止攪打。冷藏保存。

7. 進行組裝

將藍莓雪酪和杏仁糖漿雪酪放入寬 5 公分的定型模中塑形，攪拌混合 2 種雪酪，製成大理石花紋。放入冰箱冷凍 2 小時。

木柴蛋糕模內填入柔軟的香草冰淇淋至 1/3 的高度，將定型模裡的雪酪脫模，壓在香草冰淇淋上，再蓋上覆盆子雪酪。接著擺上長方形的蛋白霜。

整個冷凍 2 小時。

將木柴蛋糕脫模，用不鏽鋼刮刀鋪上香醍鮮奶油。將刮刀劃過木柴蛋糕的表面，形成 2 公分寬的刮痕。

在蛋糕的周圍和表面黏上蛋白霜碎塊。撒上裝飾糖（不會融化的糖），接著是糖粉。

冷凍保存直到品嚐為止，品嚐前 25 分鐘再將蛋糕從冷凍庫中取出。

附
錄

ANNEXES

食譜目錄

傳統
$\underline{40}$

經典空氣感蛋糕
$\underline{42}$

黑森林
$\underline{46}$

富士拉米蘇
$\underline{50}$

蒙布朗
$\underline{54}$

少女系翻糖蛋糕
$\underline{58}$

聖多諾黑
$\underline{62}$

香草千層派
$\underline{66}$

榛果聖誕樹
$\underline{70}$

飛葉
$\underline{74}$

巧克力

78

巧克香蕉

80

神祕藍莓

84

詹姆士巧克力蛋糕

88

榛果咖啡蛋糕

92

巧克波紋蛋糕

96

紅與黑

100

創新

104

雲杉原木蛋糕

106

紅寶石蛋糕

110

藍莓石灰岩蛋糕

114

冰淇淋蛋糕
174

條紋冰淇淋蛋糕
176

尤金的雪橇
180

星夜
184

布列塔尼之舞
188

維他命雞尾酒
192

豪華冰屋
196

甜蜜生活
200

驚喜禮物
204

餅乾餅乾
208

聖誕老公公
212

冰淇淋凍派
216

水果浮冰
220

白大衣
224

Framboise 覆盆子

水果浮冰 Banquise fruitée 220
驚喜禮物 Cadeau surprise 204
覆盆子小木堆蛋糕 Choupi framboise 142
條紋冰淇淋蛋糕 Glacé rayé 176
豪華冰屋 Igloo princier 196
夏洛特小姐 Mademoiselle Charlotte 138
白大衣 Manteau blanc 224
小蘋果 Petite pomme 150
紅與黑 Rouge Noir 100
紅寶石蛋糕 Rouge rubis 110
尤金的雪橇 Schlitte d'Eugène 180
冰淇淋凍派 Terrine glacée 216

Fruit de la Passion 百香果

水果浮冰 Banquise fruitée 220
驚喜禮物 Cadeau surprise 204
維他命雞尾酒 Cocktail vitamine 192
趣味情人節 Funny Valentine 146
條紋冰淇淋蛋糕 Glacé rayé 176
尤金的雪橇 Schlitte d'Eugène 180
冰淇淋凍派 Terrine glacée 216

Fruits confits 糖漬水果

維他命雞尾酒 Cocktail vitamine 192
紅鼻子魯道夫 Taka Rudolphe 162

Fruits secs 水果乾／堅果

布列塔尼之舞 Danse bretonne 188
飛葉 Feuille volante 74
紅鼻子魯道夫 Taka Rudolphe 162

G

Griotte 酸櫻桃

黑森林 Black Forest 46
渴望玫瑰 Rose désir 126
紅寶石蛋糕 Rouge rubis 110

Groseille 紅醋栗

小蘋果 Petite pomme 150
渴望玫瑰 Rose désir 126
紅鼻子魯道夫 Taka Rudolphe 162

K

Kirsch 櫻桃酒

經典空氣感蛋糕 Air classique 42
黑森林 Black Forest 46
少女系翻糖蛋糕 Fondante girly 58

Kiwi 奇異果

水果浮冰 Banquise fruitée 220
驚喜禮物 Cadeau surprise 204
維他命雞尾酒 Cocktail vitamine 192
條紋冰淇淋蛋糕 Glacé rayé 176
尤金的雪橇 Schlitte d'Eugène 180
冰淇淋凍派 Terrine glacée 216

M

Mandarine 橘子

甜蜜生活 Dolce Vita 200

Mangue 芒果

趣味情人節 Funny Valentine 146
條紋冰淇淋蛋糕 Glacé rayé 176

Marron (crème, pâte, purée)
栗子（栗子奶油醬、糖漬栗子醬、無糖栗子泥）

橘兒小姐 Miss Clémentine 154
蒙布朗 Mont-blanc 54

Melon 甜瓜

條紋冰淇淋蛋糕 Glacé rayé 176

Mûre 桑葚

神祕藍莓 Myrtille Mystère 84

Myrtille 藍莓

水果浮冰 Banquise fruitée 220
驚喜禮物 Cadeau surprise 204
夏洛特小姐 Mademoiselle Charlotte 138
白大衣 Manteau blanc 224
藍莓石灰岩蛋糕 Myrtille coquine 114
神祕藍莓 Myrtille Mystère 84

N

Noisette (crème, pâte, poudre)
榛果（榛果奶油醬、榛果醬、榛果粉）

榛果咖啡蛋糕 Café noisette 92
胡桃鉗 Casse-noisette 122
餅乾餅乾 Cookies Cookies 208
伊甸園 Jardin d'Éden 118
轉啊轉小花生 Pirouette cacahuètes 134
雲杉原木蛋糕 Rondin épicéa 106
榛果聖誕樹 Sapin noisette 70

克里斯多夫和卡米爾的推薦店家

器具與裝飾

Breer
甜點專用不鏽鋼器材
地址：27, rue des Tuileries
67460 Souffelweyersheim
電話：03 88 18 18 22
www.brehmer.fr

Silikomart
www.silikomart.com

PCB Création
各種甜點裝飾
地址：1, rue de Hollande - BP 67
67230 Benfeld
電話：03 88 58 73 33
www.pcb-creation.fr

我們和卡米爾·勒賽克在阿爾薩斯的甜點店

Les pÂtissiers
克里斯多夫·費爾德 — 卡米爾·勒賽克
商店與茶點沙龍
地址：29, rue du Maréchal Foch
67190 Mutzig
電話：03 88 38 13 21

Les pÂtissiers
克里斯多夫·費爾德 — 卡米爾·勒賽克
地址：1, rue Mercure
67120 Dorlisheim
電話：03 88 38 52 40

我們在阿爾薩斯的飯店

Le Kléber
地址：29, place Kléber
67000 Strasbourg
電話：03 88 32 09 53
www.hotel-kleber.com

Hôtel Le Gouverneur
地址：13, rue de Sélestat
67210 Obernai
電話：03 88 95 63 72
www.hotellegouverneur.com

Hôtel Roses
地址：7, rue de Zurich
67000 Strasbourg
電話：03 88 36 56 95
www.hotel3roses-strasbourg.com

Hôtel Victoria
地址：7-9 rue du maire Kuss
67000 Strasbourg
電話：03 88 32 13 06
www.hotelvictoriastrasbourg.com

Hôtel Suisse
地址：2/4 rue de la Râpe
67000 Strasbourg
電話：03 88 35 22 11
www.hotel-suisse.com

我們為大眾開設的甜點課程

史特拉斯堡
克里斯多夫·費爾德的工作室
Hôtel Suisse
地址：2-4, rue de la Râpe
67000 Strasbourg
預約電話：03 88 35 22 11
E-mail: ecolecf@orange.fr

巴黎
克里斯多夫·費爾德的巧克力工作坊
Jardin d'Acclimatation
地址：Bois de Boulogne
75116 Paris
預約電話：03 88 35 22 11
E-mail: ecolecf@orange.fr

網站
www.christophe-felder.com

電子信箱
christophefelder@wanadoo.fr

感謝

克里斯多夫・費爾德向以下的人致謝：

大老闆 Hervé de la Martinière，天生的領導人！

瑪蒂尼耶出版集團，擁有如此多有效率的人才！！！

Laure Aline，總是表現超群，卻從不緊張……親親！

Agathe，聰明、有效率、能力出眾、工作非常努力！我們在阿爾薩斯等著你！！！

Jean-Claudius Amiel，感謝他一流的工作。

Marion Chatelain，謝謝 Marion。

Sandrine Giacobetti（盡在不言中）。

Benjamin Heuzé，感謝他所做的一切。

Sylvie Kempler，最認真且忠誠。

Françoise Vauzeilles，感謝他的創作與創意。

Patricia Ropartz 和 Julia，以及瑪蒂尼耶出版社團隊。

Carine Ruault，謝謝！

To、Éric、Denis，邁向米其林星級之路的同伴。

Henri Charpentier 的團隊。

位於米齊格（Mutzig）pÂtissiers 甜點店的團隊。

我最愛的蛋糕 Louis、Marie、Lucie Felder ！

卡米爾・勒賽克，感謝他如同弟弟般的存在。

日本 Henri Charpentier 甜點店主廚 Takahiro Komai，2017 年世界盃甜點大賽亞軍；
也要感謝 Henri Charpentier 甜點店店長 Goki Arita 先生。

卡米爾・勒賽克要向以下的人致謝：

克里斯多夫……

Lætitia，感謝她天使般的耐心。

勒賽克家族。

Marion Chatelain 向以下幾位表達感謝：

克里斯多夫和卡米爾帶來這場新的冒險旅程，

Jean-Claude 的接待、Laure 的信賴。

也要感謝：

CAMILLE et CLEMENTINE 啟發人心的陶瓷製品

www.camilleetclementine.com

（第 42-43、54-55、106、130、141、149、158、207 頁）

Annie MAUFFREY 獨特的樂燒（raku）作品

www.anniem.net

（第 46-47、74-75、80-81、107、109、114-115、208 頁）